Corina Gericke

Was Sie schon immer über Tierversuche wissen wollten

Ein Blick hinter die Kulissen

Inhalt

Vorwort der Autorin zur 2. Auflage

Fünf Jahre sind seit der ersten Neuauflage vergangen. Fünf Jahre, in denen sich viel geändert hat. Auf gesetzlicher Ebene gibt es einige Neuerungen: Die REACH-Verordnung und die neue EU-Tierversuchsrichtlinie sind in Kraft getreten. Die Tierversuchszahlen steigen in Deutschland (und weltweit) kontinuierlich. Aber es gibt nicht nur Negatives zu berichten. Eine Reihe von neuen wissenschaftlichen Studien ist erschienen, die die Methode Tierversuch in Frage stellen. Die In-vitro-Forschung mit tierversuchsfreien Methoden schreitet immer weiter fort. Mittlerweile gibt es hochmoderne Mikrochips und ausgeklügelte Robotersysteme, die die molekularen Mechanismen in einzelnen Zellen, z.B. als Reaktion auf eine hinzugegebene Testsubstanz, ungeheuer schnell analysieren können. Führende amerikanische Institute setzen heute auf solche innovativen Systeme statt auf Tierversuchsmethoden aus dem vorletzten Jahrhundert. Trotz dieser erfreulichen Entwicklungen müssen immer noch Millionen von Tieren in qualvollen und nutzlosen Experimenten leiden und sterben.

Viele Menschen glauben, Tierversuche seien nötig, um neue Behandlungsmethoden für Kranke zu finden und um die Produkte, die wir benutzen, sicher zu machen. Doch das Gegenteil ist der Fall. Tierversuche nützen nicht nur nichts, sie schaden sogar. Sie spiegeln eine Sicherheit vor, die nicht gegeben ist. Und sie haben die Medizin in eine Sackgasse geführt. Es wird mit einem gigantischen Aufwand geforscht, doch der Durchbruch bei der Bekämpfung unserer Krankheiten wie Krebs, Schlaganfall, Alzheimer oder Parkinson bleibt aus. Mit kruden Methoden werden die Symptome menschlicher Krankheiten bei Tieren nachgeahmt. Wenn diese dann beim Tier »geheilt« werden, wird dies als Erfolg gefeiert. Und dann wundert man sich, warum's beim Menschen nicht funktioniert. Dabei ist es ganz logisch: Die künstlich krank gemachten Tiere haben nichts mit der Realität menschlicher Erkrankungen zu tun. Um aus dieser Sackgasse herauszukommen, hilft nur eins: Tierversuche müssen abgeschafft werden.

Dieses Buch soll dazu beitragen, die immer noch weit verbreiteten Mythen um die angebliche Notwendigkeit des Tierversuchs aufzulösen. Um den Behauptungen der vom Tierversuch profitierenden Kreise gut gewappnet entgegentreten zu können, sind aktuelle Hintergrundinformationen wichtig. Daher wurde die 2. Auflage des Diskussions-, Arbeits- und Argumentationsbuches komplett aktualisiert und überarbeitet, um die Daten und Fakten auf den neuesten Stand zu bringen.

Dr. med. vet. Corina Gericke, Braunschweig
5. Januar 2011

Vorwort

Als der geniale Mathematiker, Philosoph und Politiker, der bedeutendste europäische Pazifist des 20. Jahrhunderts und unermüdliche Kämpfer für eine bessere Welt, Lord Bertrand Russell (1872-1970; Nobelpreis 1950) kurz vor seinem Tod gefragt wurde, ob er ein gutes Leben geführt habe, antwortete er, das könne er noch nicht sagen. Denn es hänge ja davon ab, ob sein jahrzehntelanges Engagement gegen einen möglichen Atomkrieg sinnlos gewesen sei oder nicht. Das würde sich aber wohl erst nach seinem Tode entscheiden, so dass er diese berechtigte Frage zu Lebzeiten noch nicht beantworten könne. Eine solche Antwort auf die Frage nach dem guten Leben mag zunächst sonderbar erscheinen, da Russell den Sinn seines politischen Wirkens von Dingen abhängig macht, die erst nach seinem Tod eintreten werden oder vielleicht auch nicht.

Die Autorinnen dieses Buches Corina Gericke und Astrid Reinke sind zwar lebensgeschichtlich noch weit vom Alter Lord Bertrand Russells zum Zeitpunkt des Interviews entfernt, dennoch musste ich bei der Lektüre der hier vorliegenden zweiten Auflage ihres Buches spontan an jenes Russell-Zitat denken. Beide Wissenschaftlerinnen haben nicht nur ihr Berufsleben, sondern praktisch ihr ganzes Leben der Abschaffung der Tierversuche gewidmet und werden dies sicher auch weiter als »Ärzte gegen Tierversuche« tun. Sie handeln entsprechend der Botschaft Lord Russells: Ein gutes Leben hängt nicht vom persönlichen Wohlgefühl ab (Hedonismus), sondern vom Streben nach ethisch wertvollen Zielen, z. B. der Verhinderung weiterer nuklearer Aufrüstung.

In diesem Buch finden sich überzeugende Gründe zum Handeln im ethisch wertvollen Sinne: Verringerung des vermeidbaren Leidens in der Welt. So ist nicht nur die professionelle Tätigkeit der Autorinnen sinnvoll, auch die Leser finden hier Gründe für eine sinnhafte Orientierung ihres Lebens im Streben nach Abschaffung aller Tierversuche, selbst wenn dieses Ziel nicht schnell erreicht wird und es immer wieder zu Rückschlägen kommt. Was die Zukunft anbelangt, so bin ich überzeugt, dass Menschen eines Tages Tierversuche aus eigener Einsicht oder aus Rücksicht auf die Ethik ihrer Mitmenschen einstellen müssen.

In den fünf Jahren seit Erscheinen der Neuausgabe dieses Buches haben zwei relevante Begriffe Eingang in alle namhaften einschlägigen wissenschaftlichen Lexika gefunden, wobei sich gerade die großen, traditionellen Philosophie-Lexika lange schwer mit jeder Form von tierethischem Diskurs taten. Es handelt sich um die Begriffe »Speziesismus« (Richard D. Ryder 1970) und »Pathozentrische Ethik«, die beide lange in den wissenschaftlichen Fächern oder gar in der politischen Diskussion um Tierversuche, insbesondere im deutschsprachigen Raum, unbekannt blieben. In zahlreichen Podiumsdiskussionen, auf Tagungen, in Seminaren oder bei politischen Anhörungen zu Tierversuchen wurde von Tiernutzerseite eingestanden oder vorgegeben, dass man sich das Wort Speziesismus erst einmal buchstabieren lassen müsse. Das ist nun nicht mehr möglich, sondern wirkt peinlich. Wie so oft in der Wissenschaftsgeschichte haben neue Begriffe die Diskussion präzisiert und damit erleichtert.

Mittlerweile hat es sich durchgesetzt, die lediglich auf Grund ihrer anderen Spezieszugehörigkeit erfolgende Ungleichbehandlung von Lebewesen da, wo gleiche Interessen vorliegen, in Analogie zu Stereotypenkomplexen wie Rassismus, Nationalchauvinismus und Sexismus als Speziesismus zu benennen. Dieser neue Begriff hat der anthropozentrischen Selbstgewissheit eines überholten Spezies-Egoismus und der damit begründeten Selbstprivilegierung oder angeblichen moralischen Superiorität den Boden entzogen.

Ein Verbot der Schmerzzufügung oder Schädigung und Tötung von Tieren lässt sich konsequent und überzeugend mit dem Grundsatz der pathozentrischen Ethik begründen, dass die Schmerzempfindlichkeit und die Leidensfähigkeit, nicht die möglichen Unterschiede in kognitiven Fähigkeiten die relevanten moralischen Kriterien sind. Auch der inzwischen stärker beachtete Aspekt der Würde des Tieres verbietet – sollen Worte einen Sinn haben – seine Degradierung zu einem bloßen Messinstrument oder Ersatzteillager für Organe.

Allen Mitgeschöpfen steht ein ihren Interessen entsprechendes Leben zu. Ihre Instrumentalisierung als Versuchstiere verletzt ihr zentrales moralisches Recht auf die gebotene Achtung. Dieses Recht auf Achtung ist ein Appell an alle, die zur Gewährleistung dieses Rechts einen Beitrag leisten können. Ja, es ist eine Pflicht, diese Rechte zu wahren. Mit seinem Appell hierzu möchte dieses Buch moralische Ressourcen mobilisieren.

Moralpsychologisch neigen wir dazu, Mitglieder der eigenen Spezies zu begünstigen, was evolutionär verständlich, ethisch aber nicht zu rechtfertigen ist. Die Wahrnehmung ist zugunsten von uns Menschen verzerrt, kann aber durch Einsicht und beispielsweise durch dieses Buch verändert werden. Die Autorinnen helfen uns und allen künftigen Lesern mit dieser 2. Auflage, die verbreitete anthropomorphe Binnenperspektive und die fatalen Immunisierungsstrategien der Tier-Experimentatoren zu durchschauen und diesen wirkungsvoll zu begegnen.

Prof. Dr. Wolfgang Karnowsky, Dortmund
Januar 2011

Prof. Dr. jur. Wolfgang Karnowsky bildet an der Fachhochschule Dortmund als früherer Richter des Landgerichts Dortmund Sozialarbeiter und Sozialpädagogen in den einschlägigen Rechtsgebieten aus. Von 1986 bis 1990 war er Mitglied der Bundestierschutzkommission (gemäß § 16b Abs. 1 Tierschutzgesetz) beim Bundeslandwirtschaftsministerium als Fachmann für die juristische Seite der Tierversuche, u.a. zu Fragen und Problemen mit den damals neuen Tierversuchskommissionen (§ 15 Abs. 1 Tierschutzgesetz; bekannt unter dem Begriff »Ethikkommissionen«).

Hinweis

Das Buch ist als Nachschlagewerk konzipiert, das man nicht von vorne bis hinten lesen muss, um es zu verstehen. Jede Frage ist ein in sich abgeschlossenes Kapitel (ggf. mit Verweisen auf verwandte oder ergänzende Themen). Daher war es an einigen Stellen nötig, manche Aspekte und Fakten mehrfach anzuführen.

Bei den verwendeten Medikamentennamen handelt es sich gegebenenfalls um eingetragene Marken.

Allgemeines

1. In welchen Bereichen werden Tierversuche durchgeführt?

Tierversuche werden vor allem in der Arzneimittelforschung und im universitären Bereich durchgeführt. Aber auch in der chemischen Industrie, der Ernährungs- und Umweltforschung sowie im Rahmen der Impfstoffprüfung, Krankheitsdiagnostik und Lehre sind Tierversuche üblich. Nach den offiziellen Statistiken[1] macht die vorwiegend an den Universitäten und Max-Planck-Instituten durchgeführte Grundlagenforschung seit einigen Jahren den größten Teil der Tierversuche aus. Im Jahr 2009 waren es 33 %. Die human- und veterinärmedizinische Forschung, z. B. im Arzneimittelbereich, lag im gleichen Jahr bei 21 %. Giftigkeitsprüfungen für Chemikalien und Arzneimittel schlugen mit 7 % zu Buche.

Grundsätzlich kann man davon ausgehen, dass alles, womit der Mensch in Berührung kommt, was er isst oder einnimmt, gebraucht oder verbraucht, in irgendeiner Weise an Tieren getestet wurde. Diese »Unbedenklichkeitsprüfungen« bieten allerdings nicht die versprochene Sicherheit für den Verbraucher. Die regelmäßig auftretenden Chemikalien- und Arzneimittelkatastrophen zeigen, dass uns Tierversuche nicht vor Schäden schützen können.

Viele Tierversuche, vor allem im Bereich der Grundlagenforschung, sind rein akademischer Natur und haben mit dem Menschen nichts zu tun. So dienen Versuche, bei denen Staren und Eulen Elektroden in den Schädel eingepflanzt werden, um Hirnströme zu messen, lediglich der Befriedigung der wissenschaftlichen Neugier.

2. Wie viele Tiere werden pro Jahr für Tierversuche verbraucht?

Seit dem 1.1.1989 besteht durch die Versuchstiermeldeverordnung in Deutschland eine gesetzliche Verpflichtung zur

Erfassung der in Tierversuchen verbrauchten Tiere. Das Bundesministerium für Ernährung, Landwirtschaft und Verbraucherschutz[1] veröffentlicht seither jedes Jahr entsprechende Statistiken. Die Zahlen gingen zunächst von 2,6 Millionen im Jahr 1989 auf 1,5 Millionen Tiere im Jahr 1997 zurück. Seither steigen sie wieder an. 2009 wurden 2,79 Millionen Tiere gezählt. Die seit Jahren anhaltende Zunahme der Tierversuche ist vor allem der Gentechnik zuzuschreiben. Im Jahr 2009 wurden 607.816 transgene Tiere, also Tiere, denen artfremde Gene eingebaut wurden, in der Forschung verbraucht, etwa 70.000 mehr als im Vorjahr. 2007 waren es noch knapp 500.000 Tiere. Dabei sind noch nicht einmal alle Tiere, die in der Forschung sterben, erfasst.

3. ■ Gibt es eine Dunkelziffer?

Die tatsächliche Zahl der im Zusammenhang mit Experimenten verbrauchten Tiere liegt im Dunklen, da die offiziellen Statistiken Lücken aufweisen. Bereits bei Zucht und »Vorratshaltung« werden »überschüssige« Tiere getötet oder sterben schon vor dem eigentlichen Versuch bei Haltung und Transport. Für die Labors bestimmte Tiere werden üblicherweise nicht nach Bedarf gezüchtet, sondern im Überschuss, um jederzeit eine gewisse Anzahl von Tieren der einzelnen Arten, Alters- und Gewichtsklassen vorrätig zu haben. Auch fehlen in der Statistik Tiere, die der Erstellung gentechnisch veränderter Linien dienen. Die Zahl der Tiere, die nicht die gewünschte genetische Veränderung aufweisen, wird auf 90-99 % geschätzt[2]. Diese Tiere werden getötet und tauchen nicht in den Statistiken auf. In Tierversuchen verwendete wirbellose Tiere wie Schnecken, Insekten und Krebse werden ebenfalls nicht gezählt.

4. ■ Welche Tierarten werden für Tierversuche benutzt?

Es gibt im Grunde kaum eine Tierart, die nicht im Tierversuch verwendet wird. Das Gros machen Ratten und Mäuse aus (zusammen 85 %). Der Grund für die Verwendung von Nagetieren: Sie sind handlich, zäh, billig und leicht in Massen zu züchten. Außerdem regt sich gegen Versuche mit Mäusen und Ratten vergleichsweise wenig öffentlicher Widerstand, denn nicht jeder weiß, dass sie ebenso leidensfähig sind wie andere Tiere. Daneben werden in den Laboratorien Katzen, Hunde, Kaninchen, Meerschweinchen, Affen, aber auch Vögel – vor allem Zebrafinken, Wachteln und Hühner –, außerdem Goldhamster, Ziegen, Schafe, Schweine, Pferde, Rinder, Fische und viele andere Tierarten eingesetzt. Sogar Tiere wie Fledermäuse, Murmeltiere oder Salamander müssen mitunter für Experimente herhalten.

5. ■ Woher stammen die Tiere?

Viele tierexperimentelle Einrichtungen, wie pharmazeutische Unternehmen und Universitäten, züchten ihre Tiere selbst. Andere bestellen bei kommerziellen »Versuchs«tierzuchten. So wie man bei einem Versandhandel Bücher oder Kleidungsstücke aus einem Katalog aussucht, werden bei den »Versuchs«tierzüchtern lebende Tiere als Ware feilgeboten. Im Internet oder im Katalog können Experimentatoren aus einer großen Auswahl verschiedenster Arten und Züchtungen auswählen. Es werden sogar voroperierte Tiere angeboten, z. B. Ratten und Mäuse mit abgebundenen Blutgefäßen oder Nerven, einoperierten Messgeräten, mit entfernter Milz oder Niere usw. Dabei ist nicht einmal mehr von Tieren die Rede, sondern von »Produkten« und »Forschungsmodellen«.

Das amerikanische Jackson Laboratory bietet Tausende verschiedener Mäusestämme an, deren Erbgut so manipuliert wurde, dass die Tiere bestimmte Erkrankungen wie Krebs, Diabetes oder Fettleibigkeit bekommen.

Der weltweit größte »Versuchs«tierzüchter ist Charles River Laboratories, der zweitgrößte Harlan. Beides sind amerikanische Konzerne, die auch in Deutschland Filialen unterhalten. Charles River in Sulzfeld im Landkreis Karlsruhe bietet Mäuse, Ratten, Meerschweinchen, Hamster, Kaninchen und Gerbils an. Bei Harlan in Borchen bei Paderborn werden Hunde gezüchtet. Die Kleintierzucht für Mäuse, Ratten und Meerschweinchen wurde dort 2008 geschlossen.

Affen, hauptsächlich Rhesusaffen und Langschwanzmakaken, stammen aus Ländern wie Indonesien, Philippinen, China oder Mauritius. Hier werden sie in riesigen Anlagen für den Export gezüchtet. Die Elterntiere sind üblicherweise Wildfänge. Schon allein der Fang und die Haltung in strukturlosen Käfigen sind für die Tiere eine Tortur. Viele überleben den Stress nicht. Auf dem Transport zu den Labors in aller Welt sterben weitere Affen. Dieser »Ausschuss« ist im Preis einkalkuliert. Für die Händler sind Tiere nichts weiter als eine Ware.

6. Werden Tierversuche nicht unter Narkose durchgeführt?

Niemand bezweifelt, dass z. B. Operationen unter Anästhesie stattfinden. Tiere sind jedoch schon vor Eintritt der Narkose durch angsteinflößende Manipulationen einem erheblichen Leidensdruck ausgesetzt. Man kann ihnen nicht erklären, was geschieht. Beim allmählichen Aufwachen aus der Betäubung durchleiden Tiere häufig Ängste. Krämpfe, Fluchtversuche, Atemnot, aber auch Schmerzen und Verletzungen durch unkontrolliertes Aufschlagen auf Käfiggitter kommen vor. Nach dem vollständigen Erwachen erleiden die Tiere die Auswirkungen der Eingriffe bei vollem Bewusstsein. Beispiele: Ratten wird unter Narkose die Haut mit kochendem Wasser verbrüht. Die Schmerzen müssen sie anschließend 33 Tage lang bei vollem Bewusstsein ertragen[3]. Bei Beaglehunden wird eine Entzündung des Zahnfleischs um eingesetzte Implantate hervorgerufen. Es kommt in den folgenden Wochen zu einer Auflösung der Kieferknochen[4]. Schafen werden die Beine durchgesägt und wieder zusammengesetzt. Nach der Operation werden sie 84 Tage lang beobachtet[5]. Mäusen werden unter Narkose Löcher in den Blinddarm gestochen, so dass der Darminhalt in die Bauchhöhle fließen kann. Je nach Anzahl und Größe der Löcher sterben die Tiere in den folgenden Tagen mehr oder weniger schnell an einer extrem schmerzhaften Bauchfellentzündung[6].

Die meisten Experimente werden gänzlich ohne Narkose vorgenommen, zum Beispiel der gesamte Bereich der Giftigkeitsprüfungen. Dazu gehören Untersuchungen, bei denen Tiere vergiftet werden. Grausame Berühmtheit erlangte der LD50-Test, bei dem die Dosis einer Substanz so lange erhöht wird, bis 50 %, also die Hälfte der Tiere, sterben. Versuche, bei denen Krebs oder Sucht hervorgerufen oder epilepsieartige Krämpfe durch Giftstoffe bzw. elektrische Reize erzeugt werden, erfolgen an unbetäubten Tieren, ebenso wie Experimente in der Schmerz- und Rheumaforschung sowie Tests, bei denen Tiere mit Krankheitserregern infiziert werden.

7. ■ Wie werden die Tiere gehalten?

Die Haltungsbedingungen von Tieren im Labor sind nach hygienischen und praktischen Gesichtspunkten ausgerichtet. Die Lebensbedingungen sind alles andere als artgemäß. Hunde werden meist in Beton- oder Gitterboxen ohne Auslauf gehalten. Freundliche menschliche Zuwendung oder artgemäße Sozialkontakte fehlen meist. Alltägliche Verhaltensbedürfnisse wie Revier- und Erkundungsverhalten, das Benutzen der hoch entwickelten Nasen, Erdlöcher zu graben oder einfach mal loszurennen werden nicht erfüllt.

Affen werden oft einzeln in kleinen Gitterkäfigen ohne jegliche Beschäftigungsmöglichkeit gehalten. Solche Bedingungen sind für die bewegungsaktiven und empfindsamen Tiere psychische Folter. Sie entwickeln schwere Verhaltensstörungen, z. B. sogenannte stereotype Bewegungen wie Im-Kreis-Drehen, Hin-und-her-Wippen und Salto-Schlagen.

Kaninchen fristen ihr Leben in kleinen, sterilen Käfigen mit Lochblechboden, die gerade groß genug sind, um sich umzudrehen.

Die Unterbringung von Ratten und Mäusen erinnert an ein Schrauben- oder Maschinenteilelager. Die Tiere leben in kleinen Plastikschachteln mit Drahtdeckel, die wie Schubladen über- und nebeneinander in großen Regalen stecken. Dies gehört zur sogenannten Standardisierung. Dabei versucht man, die Eigenschaften der Tiere und ihrer Umgebung konstant zu halten oder sie zu regulieren, um reproduzier- und vergleichbare Ergebnisse zu bekommen[7]. Die widernatürliche und reizarme Umgebung führt bei den intelligenten und bewegungsfreudigen Nagetieren zu Verhaltensstörungen. Joseph Garner von der University of California in Davis hat herausgefunden, dass die Stereotypien Ausdruck einer dauerhaften Hirnschädigung sind: »Experimente unter standardisierten Bedingungen sagen noch nicht einmal viel über Mäuse im Allgemeinen aus, geschweige denn über Menschen, die bekanntlich in einer extrem abwechslungsreichen Umwelt leben.«[8]

In den letzten Jahren hatten aufkommende Zweifel an der reizarmen Umgebung zur Folge, dass sich in manchen Laboratorien eine »Anreicherung« (engl.: Enrichment) der Mäusekäfige in Form von standardisiertem Nestmaterial durchgesetzt hat. Um diese sogenannte Möblierung der Käfige gibt es innerhalb der Tierversuchs-Zunft erheblichen Streit. Die Gegner des Enrichment fürchten eine Verfälschung der Ergebnisse durch eine größere Variabilität und damit eine schlechtere wissenschaftliche Relevanz[9]. Wenn schon Papprollen oder Kletteräste im Mäusekäfig Versuchsergebnisse verändern, erscheint einmal mehr fraglich, dass Ergebnisse von Tierversuchen überhaupt eine Relevanz für Menschen haben.

Letztendlich wird mit ein paar Gegenständen im Käfig das Problem aus Tierschutzsicht ohnehin nicht gelöst. Denn artgemäßer Bewegungsdrang, Revierbildung und ein normaler Tagesablauf können in Käfigen niemals gelebt werden.

8. Sind viele Tierversuche denn nicht weniger schmerzhaft als eine kleine Injektion?

Tiere werden vergiftet, verbrüht, ertränkt, genmanipuliert, erstickt, verstümmelt, süchtig gemacht, ihre Beine werden zersägt, sie werden mit Elektroschocks traktiert, bei ihnen werden Krebs, Rheuma und andere schmerzhafte Krankheiten erzeugt. Angesichts der grausamen Realität verwundert es nicht, dass die Tierversuchsindustrie der Öffentlichkeit suggeriert, Tierversuche seien nicht weiter schlimm. Doch Tierversuche bedeuten immer Leid, Qual, Schmerz, Angst und Stress für die Tiere. Das Leid der Tiere fängt sogar schon lange vor dem Versuch an: Bei Zucht, Handel, Transport und Haltung.

> Wer die Opfer nicht schreien hören, nicht zucken sehen kann, dem es aber, sobald er außer Seh- und Hörweite ist, gleichgültig ist, dass es schreit und dass es zuckt – der hat wohl Nerven, aber – Herz hat er nicht.
>
> *Bertha von Suttner (1843-1914), Schriftstellerin, Friedensnobelpreis 1905*

Wissenschaftliche Untersuchungen belegen, dass allein schon das Hochheben einer Maus bei dem Tier eine Reihe von Körperreaktionen hervorruft. Stresshormone im Blut steigen, der Puls rast, der Blutdruck geht in die Höhe. Diese Symptome sind noch nach einer Stunde nachweisbar. Auf Routineeingriffe, wie Blutentnahmen und Zwangsfütterung mit einer Magensonde, reagieren die Tiere mit Angst und Panik. Die massive Stressreaktion hat eine verminderte Immunabwehr zur Folge. Die Ergebnisse sind von vornherein wertlos[10].

Selbst eine vermeintlich harmlose Injektion bedeutet für ein Tier also schon Angst und Schmerz. Was danach kommt, ist meist jedoch noch erheblich schlimmer. Die Spritze kann Krankheitserreger, Krebszellen oder Giftstoffe enthalten. Entsprechend qualvoll sind die Folgen für das einzelne Tier.

Die millionenfache Tierqual im Labor als »kleine Injektion« zu verharmlosen, kann nur mit hochgradiger Abgestumpftheit erklärt werden. Einer wissenschaftlichen Studie zufolge wurde das Leid der Tiere von der Mehrzahl der Experimentatoren als zu niedrig eingestuft. Auf den Formularen zur Genehmigung von Tierversuchen wurden »keine« oder »geringe Schmerzen« angegeben, obwohl erhebliche Schmerzen zu erwarten waren. In der Studie heißt es, zwei Drittel der Experimentatoren setzte den Belastungsgrad zu niedrig an, kein einziger zu hoch[11].

9. Was geschieht nach den Versuchen mit den Tieren?

Am Ende der Experimente werden praktisch alle Tiere getötet. Besonders Ratten und Mäuse werden wie Wegwerfartikel behandelt. Mitunter werden Tiere auch mehrfach verwendet, bevor sie getötet werden. Affen müssen oft jahrelang immer wieder die gleichen grausamen Versuche über sich ergehen lassen. Auch die mehrfach verwendeten Tiere werden letztendlich getötet.

In seltenen Einzelfällen vermitteln Laboratorien Hunde oder manchmal auch andere Tiere über Tierschutzorganisationen an Privatpersonen. Ehemalige »Labor«hunde sind oft ängstlich und unsicher. Sie kennen weder Gras noch Laub, Auto oder Sofa. Die wenigen vermittelten Hunde dürfen nicht darüber hinwegtäuschen, dass die allermeisten Tiere nicht das Glück eines Lebens nach dem Labor haben. Sie landen in der Abfalltonne.

10. ■ Schützt das Tierschutzgesetz die Tiere im Labor?

Laut §7 des Tierschutzgesetzes (TierSchG)[12] muss für Tierversuche eine »Unerlässlichkeit« bestehen. Außerdem sind sie nur für bestimmte Zwecke zulässig:

1. Vorbeugen, Erkennen oder Behandeln von Krankheiten (...),
2. Erkennen von Umweltgefährdungen,
3. Prüfung von Stoffen oder Produkten auf ihre Unbedenklichkeit für die Gesundheit von Mensch oder Tier oder auf ihre Wirksamkeit gegen tierische Schädlinge,
4. Grundlagenforschung.

Auf den ersten Blick erscheinen Tierversuche damit eingeschränkt, sieht es so aus, als seien Tierversuche nur für bestimmte unerlässliche Zwecke erlaubt. Tatsächlich sind aber alle nur denkbaren Versuchsansätze zulässig. So fallen unter Punkt 3 Tests für völlig überflüssige Produkte, um deren »Unbedenklichkeit« zu untersuchen. Die Grundlagenforschung unter Punkt 4 deckt schließlich alle sonst noch verbleibenden Fragestellungen ab. Auch wenn ein Experiment einer realitätsfernen Befriedigung wissenschaftlicher Neugier oder persönlicher Profilierungssucht dient, kann es als Beitrag zur Grundlagenforschung gekennzeichnet werden. Fragestellungen wie beispielsweise »was passiert, wenn man bei einem Goldfisch beide Augen entfernt« oder »wie ist das Gehirn der Hufeisennasen-Fledermaus strukturiert« können, als Grundlagenforschung deklariert, als »unerlässlich« genehmigt werden.

Versuche an Wirbeltieren dürfen laut Tierschutzgesetz nur durchgeführt werden, wenn sie ethisch vertretbar sind und wenn die Ergebnisse »vermuten lassen, dass sie für wesentliche Bedürfnisse von Mensch oder Tier einschließlich der Lösung wissenschaftlicher Probleme von hervorragender Bedeutung sein werden«. Auch an dieser Stelle fasst der Gesetzgeber den möglichen Rahmen für Tierversuche so weit, dass letztendlich jeder Tierversuch erlaubt wird. Die Formulierung »Lösung wissenschaftlicher Probleme« schließt auch Experimente ohne jeglichen Bezug zu Heilung und Behandlung von Krankheiten ein.

Das Tierschutzgesetz verwaltet Tierversuche, verhindert sie aber nicht. Dies wird sich auch mit der anstehenden Überarbeitung der Rechtsvorschriften nicht ändern. Im November 2010 trat eine neue EU-Richtlinie zum Schutz der für Versuche und andere wissenschaftliche Zwecke verwendeten Tiere (kurz: Tierversuchsrichtlinie) in Kraft, die in den folgenden zwei Jahren in nationales Recht überführt werden muss. Die Tierversuchslobby hat dafür gesorgt, dass die Richtlinie Tierversuche in keinem Bereich einschränkt oder gar verbietet. (Mehr zur Tierversuchsrichtlinie siehe Frage 15.)

11. ■ Was versteht man unter Grundlagenforschung?

Die Grundlagenforschung ist im Unterschied zur Pharmaforschung weder wirtschafts- noch anwendungsorientiert. Mit ihr soll das allgemeine medizinische und naturwissenschaftliche Wissen vermehrt werden. Das meist abstrakte Forschungsinteresse wird häufig mit möglichen Anwendungen am Menschen in einer fernen Zukunft gerechtfertigt. Der Vorteil dieser Strategie ist, dass der Nutzen der Versuche nicht nachgewiesen werden muss. Ein Beispiel: Hirnforscher Andreas Kreiter von der Universität Bremen verteidigte seine besonders grausamen Versuche an Affen zunächst mit einer Hoffnung auf Behandlung von Blindheit oder Lähmungen (2004)[13]. Einige Jahre später wurden Epilepsien, Parkinson und Lähmungen genannt

(2010)[14]. Bei Kreiters Versuchen werden Affen stundenlang in Affenstühlen gefesselt. Das ist für die bewegungsaktiven Tiere allein schon eine Tortur. Durch Durst gefügig gemacht, müssen die Tiere bestimmte Aufgaben an einem Computer ausführen, während ihr Kopf unbeweglich an ein Gestell angeschraubt ist. Nur wenn sie kooperieren, erhalten sie ein paar Tropfen Flüssigkeit. In ihrem Gehirn stecken Elektroden, über die Hirnströme gemessen werden. Die Tiere werden oft jahrelang benutzt. Seit Jahrzehnten werden Experimente dieser Art in aller Welt gemacht. Geführt haben sie bislang vor allem zu einem riesigen Berg von Artikeln in Fachjournalen. Ein Nutzen für die Menschheit ist nicht in Sicht.

Im Bereich der biologischen Grundlagenforschung wird noch nicht einmal ein möglicher Nutzen in Aussicht gestellt. Ein Beispiel: Silbermöwen wurden am Nordseestrand gefangen und bekamen sechs Tage lang keine Nahrung, um herauszufinden, wie lange Möwen hungern können[15].

In der Grundlagenforschung wird die Wissenschaft zum Selbstzweck. Nicht Heilung und Gesundheit stehen im Mittelpunkt, sondern die Wissenschaft selbst.

12. Schließt das Genehmigungsverfahren tierquälerische und überflüssige Tierversuche aus?

Das Tierschutzgesetz[12] unterscheidet bei Tierversuchen zwischen Anzeige- und Genehmigungspflicht. Zu den anzeigepflichtigen Tierversuchen zählen vor allem gesetzlich vorgeschriebene Tests, z. B. toxikologische Untersuchungen, also Tests, bei denen Tiere in großer Zahl vergiftet werden, sowie die Prüfung von Impfstoffen. Für diese besonders qualvollen Versuche muss der Experimentator lediglich ein Formular ausfüllen.

Andere Tierversuche, vor allem im Bereich der Grundlagen- und Arzneimittelforschung, bedürfen der Genehmigung durch die Genehmigungsbehörde, meist das zuständige Regierungspräsidium. Ihm steht eine sogenannte Tierversuchskommission (auch §15- oder Ethikkommission genannt) beratend zur Seite. Sie besteht zu zwei Dritteln aus Wissenschaftlern und nur zu einem Drittel aus Tierschutzvertretern. Viele Wissenschaftler befürworten Tierversuche oder sind selbst Tierexperimentatoren. Das Drittel Tierschutzvertreter kann ebenfalls durch Tierversuchsbefürworter gebildet werden, denn da der Begriff »Tierschutz« nicht geschützt ist, gibt es auch Institutionen, die vorgeben, Tierschutz zu betreiben, aber Tierversuche befürworten. Aufgrund der zahlenmäßigen Überlegenheit der Tierversuchslobby in der Kommission werden nur selten Tierversuchsanträge abgelehnt. Weiterhin hat die Kommission nur beratenden Charakter. Die Entscheidung liegt bei der Genehmigungsbehörde.

In seinem Antrag muss der Experimentator wissenschaftlich begründet darlegen, dass die Versuche unerlässlich und ethisch vertretbar sind, dem Stand der wissenschaftlichen Erkenntnisse entsprechen und keine Ersatzmethoden vorliegen. Irgendeinen in ferner Zukunft liegenden, möglichen Nutzen für den Menschen anzugeben, fällt nicht schwer, denn diese Behauptung ist nicht nachprüfbar. Auch die Frage nach dem Vorhandensein von tierversuchsfreien Methoden lässt sich für den Experimentator leicht verneinen. Den Nachweis einer solchen Methode müssten nämlich Kommission und Genehmigungsbehörde führen. Um dies effektiv leisten zu können, müssten die Mitarbeitenden in sämtlichen wissenschaftlichen Disziplinen Spezialwissen besitzen, was unmöglich ist. Hinzu kommt, dass die Kommissionsmitglieder ehrenamtlich arbeiten und ihr Engagement und Zeiteinsatz für den Schutz der Tiere individuell sehr unterschiedlich ausgeprägt sind.

Zu kritisieren ist weiterhin, dass die Kommissionsmitglieder der strikten Schweigepflicht unterliegen, d.h., durch das Genehmigungsverfahren wird noch nicht einmal die Transparenz der zu großen Teilen durch unsere Steuergelder subventionierten tierexperimentellen Forschung erhöht. Fehlentscheidungen gelangen so nicht an die Öffentlichkeit.

Mitunter gelingt es den Kommissionen, bei einzelnen Genehmigungsanträgen die Anzahl der Tiere zu reduzieren oder das Leid der Tiere zu verringern. Letztendlich ist die derzeitige Genehmigungspraxis aber nur eine kleine bürokratische Hürde, durch die so gut wie kein Tierversuch verhindert wird.

13. Wo und warum werden bestimmte Tierversuche vom Gesetzgeber verlangt?

Ein antiquiertes Weltbild, welches das Tier als »Modell« für den Menschen akzeptiert, führte zu dem Dogma, dass jedes Medikament und jede Operationstechnik zuerst am Tier zu erproben ist. Aus einer Wirkung am Tier wird dann, meist unreflektiert, auf eine Wirksamkeit beim Menschen geschlossen. Dieses Dogma schlug sich weltweit in der Gesetzgebung nieder, so dass heute keine Medikamente, Chemikalien oder andere Stoffe zugelassen werden, ohne ein stures System von Tierversuchen durchlaufen zu haben. In einer Reihe von deutschen und EU-Gesetzen, Verordnungen und Richtlinien sind Tierversuche vorgesehen, z. B. im Arzneibuch, Chemikaliengesetz, Futtermittelgesetz, Lebensmittel- und Bedarfsgegenständegesetz, Pflanzenschutzgesetz oder Tierseuchengesetz[16]. Gesetzlich vorgeschriebene Tierversuche sind nicht genehmigungs-, sondern nur anzeigepflichtig. Das bedeutet, sie werden keiner individuellen Zulässigkeitsprüfung unterzogen.

So absurd es ist, dass sich die Gesetzgeber in aller Welt auf die nachweislich unzuverlässige und gefährliche Methode Tierversuch stützen, es darf auch nicht unerwähnt bleiben, dass die Anzahl der aufgrund von Rechtsvorschriften durchgeführten Tierversuche seit Jahren kontinuierlich sinkt. Im Jahr 1991 lag ihr Anteil bei 35 % (rund 842.000 Tiere), 1995 waren es 36 % (543.000) und 2009 noch 15 % (412.000)[1]. Dies ist auf einen verstärkten Einsatz tierversuchsfreier Testmethoden zurückzuführen.

Beispielsweise müssen Cremes und andere Körperpflegemittel darauf getestet werden, ob sie bei Sonneneinstrahlung die Haut schädigen können (sogenannte Phototoxizität). Die Substanzen werden Kaninchen oder Meerschweinchen auf die

> Es gibt nur zwei Gründe für Tierversuche: entweder man weiß zu wenig darüber oder man verdient daran.
>
> *Dr. med. Werner Hartinger (1925-2000), 1. Vorsitzender der Ärzte gegen Tierversuche e.V. 1988-2000*

geschorene Rückenhaut gerieben. Die Tiere werden in enge Röhren gesteckt, damit sie sich nicht bewegen können, und mit UV-Licht bestrahlt. Schon 1991 wurde diesem Tiertest eine besonders schlechte Übertragbarkeit auf den Menschen von nur 40 % bescheinigt[17]. Im Jahr 1998 wurde der Zellkulturtest 3T3 NRU als erstes In-vitro-Verfahren in die OECD-Richtlinien aufgenommen und damit weltweit verbindlich vorgeschrieben. Eine zuvor durchgeführte Validierungsstudie zur Überprüfung der Tauglichkeit hatte dem 3T3 NRU-Test eine sehr gute Aussagekraft bescheinigt. (Siehe auch Frage 75.)

14. Warum lassen sich gesetzliche Änderungen so schwer durchsetzen?

Gesetze fallen nicht vom Himmel, sondern sind das Ergebnis knallharter Lobbyarbeit. Hinter dem Tierversuch stehen mächtige Interessen. Verbesserungen im Tierschutz werden von der Tierversuchslobby mit Einschnitten in ihrer Forschungsfreiheit gleichgesetzt. Entsprechend vehement ist ihr Widerstand. Der Druck dieser am Tierversuch interessierten Wirtschaftskreise und der universitären Forschungsmacht auf den Gesetzgeber hat strengere Vorschriften für Tierversuche oder gar ein gesetzliches Verbot bislang verhindern können. Gewisse Verbesserungen konnten nur gegen den erbitterten Widerstand der Tierversuchslobby erreicht werden. Als in den 80er Jahren das Tierschutzgesetz novelliert wurde und ein Verbot des Hunde- und Katzenhandels aus dubiosen Quellen sowie die Einrichtung von Ethikkommissionen bevorstand, prognostizierten die Interessengruppen der Forschung das Ende jeglichen medizinischen Fortschrittes. Während der zwölf Jahre intensiver Kampagnenarbeit, die der Verankerung des Tierschutzes im Grundgesetz vorausgingen, drohte die Forschung immer wieder mit Abzug ins Ausland und mit gravierenden Einbußen bei der medizinischen Versorgung der Bevölkerung, sollte der Tierschutz tatsächlich Verfassungsrang erhalten. Der medizinische Super-GAU, wie ihn die Experimentatoren gern an die Wand malen, ist trotz Umsetzung auf gesetzlicher Ebene ausgeblieben. (Siehe auch Frage 16.)

15. Was bringt die neue Richtlinie der EU für die Tiere im Labor?

Im November 2010 trat die komplett überarbeitete neue EU-Richtlinie zum Schutz der für Versuche und andere wissenschaftliche Zwecke verwendeten Tiere (kurz: Tierversuchsrichtlinie) in Kraft. Innerhalb von zwei Jahren müssen die Mitgliedsstaaten die Vorgaben in nationales Recht umsetzen. Die Neufassung der Richtlinie wäre eine fantastische Chance gewesen, wenigstens einige Einschränkungen bei Tierversuchen gesetzlich festzulegen.

Doch trotz eines Großaufgebotes von Seiten der Tierschützer und Tierversuchsgegner konnte die Tierversuchsindustrie ihre Interessen auf ganzer Linie durchsetzen. Die wenigen Verbesserungen, die der ursprüngliche Entwurf enthielt, wurden im Laufe der Verhandlungen zwischen den EU-Gremien abgeschwächt oder gleich ganz gestrichen.

Im Ergebnis gibt es nur wenig Positives zu vermerken: Der Geltungsbereich wurde ausgeweitet auf die Grundlagenforschung und die Ausbildung. Vorher galt das Regelwerk nur für wirtschaftlich ausgerichtete Tierversuche. Fötale Lebensformen von Säugetieren ab dem letzten Drittel ihrer Entwicklung fallen jetzt ebenfalls in den Geltungsbereich. Die neue Richtlinie bedeutet in erster Linie mehr Bürokratie, vor allem in den EU-Ländern, in denen es bislang noch keine Genehmigungspraxis für Tierversuche gibt.

Die Neuerungen für Deutschland, wenn die Richtlinie in deutsches Recht umgesetzt ist? Die »Belastung« der Tiere wird in Schweregrade eingeteilt und muss bei der Kosten-Nutzen-Abwägung im Rahmen des Genehmigungsverfahrens berücksichtigt werden. (Unter »Kosten« ist hier das zu erwartende »Tierleid« zu verstehen, unter »Nutzen« ein möglicher Erkenntnisgewinn oder die in Aussicht gestellte Heilung von Krankheiten.) Für Versuche an nicht-menschlichen Primaten mit Schweregrad »schwer« soll es eine rückwirkende Bewertung geben, d.h. nach Abschluss des Projektes wird beurteilt, ob der Versuchszweck erreicht wurde. Tierversuchsgegnerverbände hatten eine rückwirkende Bewertung für alle Versuchsvorhaben gefordert. Damit hätte endlich überprüft werden können, ob eine nennenswerte Übereinstimmung zwischen dem behaupteten und dem realen Nutzen von Tierversuchen existiert. Es muss vermutet werden, dass die Tierversuchslobby gute Gründe hat, sich der Transparenz und Kontrolle auch künftig zu entziehen. Zur Information der Öffentlichkeit sollen lediglich Projektzusammenfassungen zu allen Tierversuchen veröffentlicht werden.

Ansonsten sind die neuen EU-Vorgaben zum Teil noch schlechter als die des deutschen Tierschutzgesetzes. So sind laut EU-Verordnung lediglich Versuche mit Schweregrad »schwer« sowie Affenversuche genehmigungspflichtig. Nach deutschem Recht bedürfen bislang alle nicht routinemäßig oder gesetzlich vorgeschriebenen Tierversuche einer Genehmigung. Tierversuchsfreie Methoden müssen nach dem Willen der EU nur nach behördlicher Anerkennung und nicht bei Verfügbarkeit eingesetzt werden. Doch eine solche Anerkennung kann Jahre oder gar Jahrzehnte dauern.

Die Richtlinie bietet jedoch auch einigen juristischen Spielraum, der bei der Umsetzung in die eine oder andere Richtung ausgenutzt werden kann. Die Tierversuchsgegnerverbände werden alles daran setzen, das Bestmögliche für die Tiere herauszuholen.

16. Hat sich die Lage der Tiere im Labor durch die Aufnahme des Tierschutzes in das Grundgesetz gebessert?

Die Aufnahme des Tierschutzes in das Grundgesetz konnte nur erreicht werden, weil der überwiegende Teil der Bevölkerung hinter dieser Idee stand. Sie ist damit Ausdruck eines gesellschaftlichen Bewusstseinswandels und des hohen Stellenwertes, der dem Tierschutz in weiten Bevölkerungskreisen beigemessen wird.

Dank der Etablierung des Staatsziels Tierschutz im Jahr 2002 konnte im September 2003 erstmals ein Tierversuchsvorhaben durch die Behörden verhindert werden.

Das Regierungspräsidium (RP) Gießen hatte den Tierversuchsantrag eines an der Universität Marburg tätigen Tierexperimentators abgelehnt. In dem Versuch ging es um die Untersuchung der Nebenwirkung eines seit zehn Jahren zugelassenen Medikamentes. An Ratten sollte erforscht werden, warum menschliche Patienten bei Einnahme dieses Medikamentes an Gewicht zunehmen. Das RP verweigerte die Genehmigung, die Universität zog vor Gericht. Am Ende der gerichtlichen Auseinandersetzung urteilte das Verwaltungsgericht Gießen zugunsten der Genehmigungsbehörde und gestand ihr damit das Recht zu, beantragte Tierversuche wissenschaftlich überprüfen zu dürfen.

Was für den Außenstehenden haarsträubend erscheint, nämlich, dass erst ein Gericht bemüht werden muss, um etwas festzustellen, was eigentlich selbstverständlich sein sollte, war bis zur Aufnahme des Tierschutzes ins Grundgesetz gängige Praxis: Zwar mussten Tierversuche beantragt und genehmigt werden, doch konnte letztendlich keine Genehmigungsbehörde einen Tierversuch verbieten.

Anfang der 90er Jahre gingen einige Experimentatoren vor Gericht, nachdem Genehmigungsbehörden die Erlaubnis für einzelne Tierversuche versagt hatten. Die Gerichte urteilten damals, dass die Tierversuche zulässig seien, da die im Grundgesetz uneingeschränkt gewährleistete Wissenschaftsfreiheit (Art. 5 Abs. 3 GG) nicht durch das untergeordnete Tierschutzgesetz eingeschränkt werden könne.

Mit anderen Worten: Bislang wurde die im Grundgesetz festgeschriebene Wissenschafts- und Lehrfreiheit über das Tierschutzgesetz gestellt. Die zuständigen Behörden hatten im Falle eines Verstoßes gegen das Tierschutzgesetz keine Möglichkeit, im Rahmen ihrer Genehmigungstätigkeit einzugreifen. Das Tierschutzgesetz wurde damit zur Makulatur.

Allerdings wird der Verfassungsrang des Tierschutzes von Behörden und Gerichten bislang immer noch völlig unzureichend im Sinne der Tiere genutzt. Für die Tiere selbst hat sich daher bisher kaum etwas geändert. Dennoch ist die Aufnahme des Tierschutzes in die Verfassung ein Meilenstein. Der Freibrief der Experimentatoren zum Quälen und Töten von Tieren ist damit zumindest theoretisch nicht mehr schrankenlos.

17. ■ Was kosten Tierversuche, und wer finanziert sie?
Ungefragt und ob wir wollen oder nicht, subventionieren wir Tierversuche mit unseren Steuergeldern. Wie viele öffentliche Gelder von Bund, Ländern und EU tatsächlich in die tierexperimentelle Forschung fließen, weiß niemand genau. Statistiken darüber gibt es nicht. Ausgaben für einzelne Tierversuchsprojekte geben punktuell die Dimensionen wieder, um die es hier geht. Überall in Deutschland entstehen derzeit neue Tierversuchsanlagen – alle finanziert aus öffentlichen Mitteln. Einige Beispiele für die Baukosten neuer Tierlabors: Erlangen und Jena je 25 Millionen Euro, Mainz 29 Millionen Euro, Würzburg 31 Millionen Euro[18]. In diesen Summen sind noch nicht einmal die Unterhaltskosten enthalten. Der Deutschen Forschungsgemeinschaft (DFG), die in großem Maße Tierversuche im Hochschulbereich finanziert, stand im Jahr 2009 ein Etat von 2,2 Milliarden Euro aus der Staatskasse zur Verfügung[19]. Demgegenüber muten die durchschnittlich vier Millionen Euro staatliche Unterstützung für die tierversuchsfreie Forschung wie ein Almosen an.

An den Tierversuchen der Pharmabranche sind wir über unsere Krankenkassenbeiträge beteiligt. Die deutsche Pharmaindustrie erzielte 2008 einen Umsatz von 30,9 Milliarden Euro allein mit Arzneimitteln, die über die gesetzlichen Krankenversicherungen abgerechnet wurden (ohne Impfstoffe und Verhütungsmittel). Die Forschungsausgaben beliefen sich in diesem Zeitraum auf etwa 4,5 Milliarden Euro[20]. Im Jahr 2009 gaben allein die gesetzlichen Krankenversicherungen (GKV) in Deutschland rund 170 Milliarden Euro für die Behandlung von Krankheiten aus[21]. Die Arzneimittelkosten der gesetzlichen Krankenkassen stiegen von 1991 bis 2005 um etwa 60 % an, obwohl die Anzahl der Verordnungen in diesem Zeitraum um etwa 40 % zurückging[22].

Durch die einseitige Ausrichtung der tierexperimentell orientierten Medizin, die an den Ursachen der heutigen Krankheiten vorbeiforscht, muss unsere Sozialgemeinschaft Jahr für Jahr ungeheure Summen aufbringen. 30 % aller Krankheitskosten fallen in Deutschland auf ernährungsbedingte Erkrankungen. Sie betragen jährlich mehr als 70 Milliarden Euro.[23] Weitere

75-85 Milliarden kosten den Staat die Folgen des Rauchens[24]. Hinzu kommen die volkswirtschaftlichen Schäden, die aufgrund vermeidbarer Zivilisationskrankheiten und durch vorzeitiges Ausscheiden aus dem Arbeitsleben verursacht werden.

Mehr als 90 % der Medikamente sind nur bei 30-50 % der Patienten wirksam[25]. Das heißt, die allermeisten Arzneien sind bei der Mehrzahl der Erkrankten wirkungslos. Viele Patienten nehmen die vom Arzt verschriebenen Medikamente nicht ein. Auch wirkungslose und nicht eingenommene Medikamente belasten die Krankenkassen. Die Nebenwirkungen vieler Arzneimittel müssen wiederum ärztlich behandelt werden, was die Kosten für das Gesundheitssystem erneut in die Höhe treibt. Anstatt die Ursachen vermeidbarer Krankheiten zu beseitigen, liegt der Schwerpunkt der modernen Medizin auf deren oft erfolgloser Behandlung.

Prof. Dr. Friedrich Schwartz, Gesundheitswissenschaftler an der Medizinischen Hochschule Hannover, fordert, verstärkt auf die Vorbeugung von Krankheiten zu setzen[26]. Er wirft den Krankenkassen vor, noch nicht einmal die Hälfte der gesetzlich erlaubten Summe in die Prävention zu investieren. Doch wirtschaftliche Interessen stehen dem Präventionsgedanken entgegen. 95 % der gegenwärtigen Finanzmittel werden mit den Kranken verdient, nicht mit den Gesunden[26]. Doch die heutige Reparaturmedizin ist auf Dauer gar nicht finanzierbar. Enorme Summen könnten durch Prävention von Krankheiten eingespart werden.

18. ■ Wie unterscheiden sich Mensch und Tier?

Zwischen Tier und Mensch bestehen vielfältige Unterschiede hinsichtlich Körperbau, Organfunktion, Stoffwechsel, Ernährung, Psyche und Lebensgewohnheiten. Aber auch die einzelnen Tierarten unterscheiden sich deutlich voneinander. Die Folge ist, dass Tiere verschiedener Arten auf Chemikalien und Medikamente unterschiedlich reagieren. Zum Beispiel vertragen Katzen das Schmerzmittel Paracetamol viel schlechter als Hunde, weil ihre Leber es nur langsam abbauen kann. Die übliche Dosierung eines Mittels gegen Hautpilz (Insol) ist für

Meerschweinchen doppelt so hoch wie für ein Pferd, obwohl dieses 500-mal schwerer ist. Meerschweinchen dagegen sterben an geringen Mengen Penicillin. Katzen vertragen Penicillin sehr gut, sterben allerdings an einem bestimmten Flohmittel für Hunde (Exspot). Ein anderes Flohmittel (Frontline) vertragen Hunde und Katzen gleich gut, Kaninchen jedoch nicht.

Nicht anders ist das bei Tier und Mensch. Was für den Menschen schädlich ist, kann für ein Tier harmlos sein oder umgekehrt. Die Ergebnisse von Tierversuchen sind deshalb nicht mit der nötigen Zuverlässigkeit auf den Menschen übertragbar. Erst im Nachhinein, nachdem eine Substanz am Menschen getestet wurde, kann eine Aussage darüber getroffen werden, ob das Tier in gleicher oder anderer Weise reagiert wie der Mensch.

So würde beispielsweise das schon vor über 100 Jahren entwickelte Aspirin nach heutigem Stand keine Marktzulassung erhalten, da es bei Hunden, Katzen, Affen, Mäusen und Ratten Embryonalschäden verursacht. Zulassungsprobleme hätte es auch bei Penicillin gegeben, das tödlich für Meerschweinchen und andere Nagetiere ist, sowie beim Epilepsiemittel Phenobarbital, das bei Ratten Leberkrebs hervorruft. Contergan (Thalidomid), welches dadurch traurige Berühmtheit erlangte, dass es weltweit bei ca. 10.000 Menschen zu Missbildungen führte, zeigt diese Nebenwirkung bei Ratten, Mäusen und vielen anderen Tierarten nicht. Ratten und Hamster bekommen von Asbest erst in 300-mal höherer Dosis Krebs als der Mensch.

Kein Tierversuch kann den Menschen vor den Wirkungen schädlicher Stoffe schützen. Der Tierversuch täuscht eine Sicherheit vor, die es letztlich nicht gibt. Da die meisten Krankheitsbilder des Menschen beim Tier nicht spontan und auf natürlichem Wege auftreten, müssen sie künstlich, also durch schädigende Chemikalien, durch einen operativen Eingriff, durch Bestrahlung oder Manipulation des Erbgutes erzeugt werden. Die so beim Tier hervorgerufenen Symptome haben aber kaum etwas mit der menschlichen Erkrankung zu tun, die vor allem auch psychische, soziale, ernährungs- und umweltbedingte Ursachen hat. Die vielfältigen Bedingungen, die zur Entstehung einer Krankheit beim Menschen führen, können im Tierversuch nicht nachgeahmt werden.

19. Wie wird versucht, Krankheiten des Menschen im »Tiermodell« nachzuahmen?

Schon gesunde Tiere und Menschen unterscheiden sich stark voneinander. Da die meisten Erkrankungen des Menschen beim Tier natürlicherweise nicht vorkommen, werden sie künstlich erzeugt. Um Rheuma zu simulieren, werden Ratten Chemikalien oder Bakterien in ein Gelenk gespritzt, wodurch es zu einer Entzündung kommt. Epilepsie löst man durch giftige Chemikalien oder Stromstöße im Gehirn aus. Durch Einbringen eines Fadens in eine Hirnarterie wird ein Schlaganfall bei Ratten hervorgerufen. Durch eine Giftinjektion zerstört man bei Ratten die Insulin bildenden Zellen in der Bauchspeicheldrüse, um Zuckerkrankheit zu simulieren. Krebs wird durch Injektion von Krebszellen in Mäuse produziert. Den Tieren wurde zuvor noch eine Schwächung des körpereigenen Abwehrsystems angezüchtet, damit sie die fremden Zellen nicht abstoßen. Eine weitere Möglichkeit der Krebserzeugung besteht in der Manipulation ihres Erbgutes. Diese »Krebsmäuse« bekommen »automatisch« Krebs. Bei anderen Tieren wurde eine Neigung zu Diabetes, Fettleibigkeit oder Bluthochdruck im Erbgut festgelegt.

Besonderen Wert legen die Experimentatoren auf die Standardisierung ihrer »Tiermodelle«. Alles soll möglichst gleich ablaufen, damit die Versuche reproduzierbar (wiederholbar) sind (siehe auch Frage 7). Diese künstlich erzeugten Bedingungen unterscheiden sich allerdings vollkommen von dem normalen Umfeld des menschlichen Patienten. Menschen sind lebenslang einer Unzahl verschiedenster Einflüsse ausgesetzt. Ernährung, Lebensgewohnheiten, Verwendung von Suchtmitteln, schädliche Umweltbedingungen, Stress, psychische und soziale Faktoren spielen bei der Entstehung von Krankheiten und deren Heilung eine ausschlaggebende Rolle. Diesem Umstand wird im Tierversuch keinerlei Rechnung getragen.

Einige Forscher bemerken inzwischen selbst, dass sie sich auf dem Irrweg befinden. So führen israelische Wissenschaftler das Auftreten von Nebenwirkungen und das Versagen von Arzneimitteln beim Menschen auf Tierversuche mit Inzuchtmäusen zurück: »Diese Tiere haben ein einheitliches Erbmaterial, was den Vorteil bietet, dass die Versuche gut reproduzierbar sind. Dass die Patientenpopulationen aber genetisch recht unterschiedlich sind, bleibt unberücksichtigt.«[27] Susan Greenfield, leitende Pharmakologin an der Universität Oxford, stellt die Aussagefähigkeit von genetisch veränderten »Tiermodellen« ebenfalls in Frage: »Auch wenn Maus und Mensch sich 95 % der Gene teilen, scheinen genetisch maßgeschneiderte Tiermodelle gerade bei Erkrankungen mit komplexen Ursachen wenig geeignet.«[28]

20. Warum sollten Tierversuche nicht zulässig sein? Sie nützen doch dem Menschen!

In den Medien tauchen immer wieder Berichte auf, denen zufolge ein Durchbruch bei der Bekämpfung einzelner Krankheiten kurz bevorstehe. Diese Versprechungen lassen uns glauben, Tierversuche seien nützlich und notwendig. Doch so einfach ist das nicht. Zunächst muss man sich darüber klar werden, dass der überwiegende Teil der Tierversuchsergebnisse überhaupt nicht veröffentlicht wird, sondern in der Schublade verschwindet. Tierexperimentatoren dürfen nämlich selbst entscheiden, ob sie Ergebnisse bekannt geben wollen oder nicht. Dadurch ist Manipulationen der Weg geebnet. Fehlschläge sind unattraktiv für eine Veröffentlichung. Die »positiven« Resultate können hingegen aufgebauscht und in den Medien als Triumph der tierexperimentellen Forschung dargestellt werden.

In der Öffentlichkeit sieht es dann so aus, als gebe es nur gelungene Tierexperimente. Ein »positiver« Ausgang eines Tierversuchs bedeutet dabei jedoch nicht, dass sich aus einem Ergebnis irgendein Nutzen für den Menschen ableiten ließe. Allein die künstliche Erzeugung eines bestimmten Symptoms einer menschlichen Erkrankung im »Tiermodell« wird schon als großer Erfolg gefeiert. Beispielhaft sei hier der Jubel über die »Krebsmaus« genannt. Ob das krebskranke Tier jemals zu einer wirksamen Therapie für Menschen beitragen wird, interessiert dabei nicht. Diese Vorgehensweise sichert den Forschern die Finanzierung und Rechtfertigung weiterer Tierversuche, schließlich müsse man weiterforschen, um den angekündigten Durchbruch zu erzielen.

Wissenschaftliche Studien bestätigen den mangelnden Nutzen von Tierversuchen. In einer Untersuchung wurde festgestellt, dass nur bei einem kleinen Teil der durchgeführten Tierversuche das angestrebte Ziel erreicht wurde. Als Ziel galt dabei schon die Erzeugung eines bestimmten Symptoms, z. B. die Entzündung einer Rattenpfote. Neue Therapien ließen sich daraus nicht ableiten. Erkenntnisgewinne aus Tierversuchen erweisen sich lediglich als Zufallstreffer[29].

Eine andere Studie geht der Frage der klinischen Verwertbarkeit von Tierversuchen nach. Die eingehende Analyse britischer Wissenschaftler zeigt zahlreiche Mängel im tierexperimentellen System auf. So unterscheiden sich die Ergebnisse von gleichermaßen an Tieren und Menschen durchgeführten Studien oft ganz erheblich voneinander. Die ungenauen Ergebnisse aus Tierversuchen können Patienten gefährden und sind zudem eine Verschwendung von Forschungsgeldern. Die Autoren der genannten Studie fordern eine rigorose Überprüfung, ob Tierversuche überhaupt einen nachweisbaren Nutzen bringen, bevor man weitere Experimente durchführt[30].

Um zu der Frage zurückzukommen: Ja, Tierversuche haben tatsächlich einen Nutzen, nämlich für diejenigen, die davon profitieren: Experimentatoren, Forschungsinstitute, Pharmaindustrie, Tierhändler usw. Für Patienten und Verbraucher sind sie jedoch nicht nur nicht nützlich, sondern sogar gefährlich.

21. Können die Ergebnisse von Tierversuchen auf den Menschen übertragen werden?

Das Problem der Übertragbarkeit ist einer der Hauptstreitpunkte zwischen Befürwortern und Gegnern von Tierversuchen. Zunächst muss hier zwischen Wirkung und Wirksamkeit eines Medikaments unterschieden werden. Chemische Substanzen können bei Mensch und Tier vergleichbare Wirkungen (z. B. Bewusstlosigkeit, Funktionsstörungen von Organen, Herzstillstand, Lähmung, Tod etc.) hervorrufen. Andere Chemikalien rufen aber bei Mensch und Tier völlig unterschied-

> Der Grund, warum ich gegen Tierversuche bin, ist, dass sie nicht funktionieren, sie haben keinen wissenschaftlichen Wert. Man kann die Resultate von Forschungen an Tieren nicht auf den Menschen extrapolieren, und jeder gute Wissenschaftler weiß das. Da Tierversuche wertlos sind und zur Quacksalberei in der Medizin führen und ich gegen Quacksalberei sein muss, bin ich gegen Tierversuche, und zwar als Wissenschaftler.
>
> *Prof. Dr. Robert S. Mendelsohn, Professor für Präventivmedizin, Universität von Illinois (Chicago), 1986*

liche Wirkungen hervor. Beispielsweise ist Arsen für Schafe gut verträglich, Penicillin dagegen schädlich für Meerschweinchen. Methylalkohol ist für die meisten »Labor«tiere kein Problem, Menschen werden blind davon; Phenobarbital führt bei Ratten und Mäusen zu Leberkrebs, beim Menschen nicht; Thalidomid (Contergan) ist bei den meisten Säugetieren in der Schwangerschaft harmlos, beim Menschen führt es zu schweren Missbildungen. Bei Kortison und Aspirin ist es umgekehrt, es verursacht bei Mäusen Missbildungen, bei Menschen nicht.

Es kann also nicht vorausgesagt werden, ob eine Wirkung, die beim Tier entdeckt wird, auch beim Menschen auftritt und umgekehrt. Es gibt keine objektive Sicherheit, mit der aus Tierversuchen auf das Auftreten oder Nicht-Auftreten einer Wirkung beim Menschen geschlossen werden kann. Das bedeutet, es hängt von der persönlichen Überzeugung und vom Glauben des Wissenschaftlers ab, ob tierexperimentelle Ergebnisse als auf den Menschen übertragbar angesehen werden oder nicht. Aber was hat das noch mit Wissenschaft zu tun?

Bezüglich der Wirksamkeit eines Arzneimittels ist der Unterschied zwischen Mensch und Tier noch weit größer als bei der Wirkung. Die Wirksamkeit eines Medikaments bezieht sich auf die Heilung oder Linderung von Krankheiten. Diese wird durch ein Zusammenspiel vieler körperlicher, psychosomatischer, genetischer, umwelt- und ernährungsbedingter, sozialer und anderer Einflüsse verursacht. Da diese Faktoren gerade ausgeschlossen werden, lässt sich die Wirksamkeit eines Arzneimittels durch Tierversuche nicht annäherungsweise abschätzen.

Außerdem kann kein Tier Auskunft darüber geben, ob ihm übel oder schwindelig ist, ob es Kopfschmerzen, Albträume, Konzentrationsstörungen oder Angstzustände hat. Es kann nicht sagen, ob und wo ihm etwas weh tut. Tiere zeigen im Gegensatz zum Menschen erst bei viel größeren Schmerzen für uns sichtbare Reaktionen. Weiter bewirken Angst und Stress beim Tier im Versuch eine individuelle Ausschüttung von Stresshormonen, welche ihrerseits das Versuchsergebnis wesentlich beeinflussen können (siehe auch Frage 8).

Eine wissenschaftliche Studie ging der Frage nach der Umsetzung von Tierversuchsergebnissen in die Humanmedizin nach. Dazu wurden 16 in Bayern genehmigte Tierversuchsvorhaben und 63 daraus hervorgegangene Publikationen untersucht. Das Ergebnis: Selbst zehn Jahre später hatte kein einziger dieser Tierversuche zu einer neuen Therapie am Menschen geführt. Entweder war kein therapeutischer Effekt nachweisbar, oder die Befunde am Menschen widersprachen sogar den Ergebnissen am Tier.[31]

Wegen der mangelnden Übertragbarkeit kann es durchaus passieren, dass die Entwicklung eines viel versprechenden Medikaments wegen Nebenwirkungen am Tier abgebrochen wird, obwohl es für Menschen gut verträglich wäre. Es ist zu befürchten, dass viele wirksame und verträgliche Medikamente aufgrund von irreführenden Tierversuchen der Menschheit vorenthalten bleiben. Umgekehrt treten beim Menschen immer wieder unerwünschte Wirkungen von Arzneimitteln auf, die zuvor im Tierversuch nicht beobachtet wurden. Tatsächlich versagen 92 % der ausgiebig in Tierversuchen getesteten, potenziellen Medikamente in der klinischen Phase, d.h., wenn sie erstmals an Menschen erprobt werden, entweder wegen mangelnder Wirksamkeit oder wegen unerwünschter Nebenwirkungen.[32]

22. Solange es noch keine Alternativen gibt, müssen Tierversuche durchgeführt werden!

Die Argumentation der Experimentatoren »Wir machen Tierversuche, weil es keine Alternativen gibt« ist nicht schlüssig. Das ist genau so, als wenn jemand, der in einen Laden geht, um eine Bratpfanne zu kaufen, stattdessen eine Kaffeemaschine erwirbt, weil Bratpfannen gerade nicht auf Lager sind. Jedem wird einleuchten, dass der Kauf der Kaffeemaschine unsinnig ist, weil man damit den Zweck einer Bratpfanne nicht erfüllen kann. Tierversuche werden trotzdem gemacht, auch wenn ihr Zweck – Behandlung und Heilung von menschlichen Erkrankungen sowie Schutz von Mensch, Tier und Umwelt vor schädlichen Substanzen – mit dieser Methode nicht erfüllt werden kann. Solch ein Vorgehen ist paradox.

Logisch wäre hingegen, wenn eine tierversuchsfreie Methode anstelle eines bestimmten Tierversuchs bereits vorhanden ist, diese auch anzuwenden. Gibt es noch keine tierversuchsfreie Methode, muss danach gesucht werden, oder ggf. müssen andere Forschungsansätze (Epidemiologie, klinische Studien, Prävention usw.) eingesetzt werden. In jedem Fall ist die Durchführung eines Tierversuchs weder ethisch zu rechtfertigen noch wissenschaftlich schlüssig.

23. Wäre es nicht sinnvoller, statt eines Verbots von Tierversuchen vorerst nur eine Reduzierung zu fordern?

Die Forderung nach einem Verbot von »überflüssigen« Tierversuchen führt nicht weiter, weil kein Wissenschaftler oder Forscher zugeben würde, überflüssige Experimente zu machen. Es gibt für jeden noch so realitätsfernen Tierversuch die Begründung, er diene schließlich der Grundlagenforschung. Bei der Grundlagenforschung geht es um die Erweiterung des allgemeinen Wissens, das dann wieder Grundlage für weitere Forschung sein könnte (vgl. auch Fragen 10 und 11). Mit der Behauptung, die Ergebnisse wären wieder ein Mosaikstein im Puzzle unseres Basiswissens, lässt sich letztlich jeder Tierversuch von den Experimentatoren rechtfertigen. Die Forderung nach einer bloßen Einschränkung der Tierversuche lehnen wir ab, da Tierexperimente ein ungeeignetes Mittel des Erkenntnisgewinns und darüber hinaus generell moralisch verwerflich sind. (Vgl. auch Frage 72.)

24. Warum finde ich in diesem Buch keine Argumente für Tierversuche, damit ich mir ein objektives Bild machen kann?

Tierversuche und Propagandaaktionen für Tierversuche werden vielfach mit öffentlichen Mitteln durchgeführt. Selbst Tierversuchsgegner finanzieren dies über ihre Steuern ungewollt mit. Durch die staatliche und industrielle Unterstützung stehen der Pro-Tierversuchslobby beträchtliche finanzielle, politische und medienwirksame Mittel zur Verfügung. Ihr Einfluss auf den Gesetzgeber und die Öffentlichkeit ist enorm. Durch diese dauerhafte einseitige Agitation ist die Bevölkerung einseitig vorbelastet. Ethische und wissenschaftskritische Argumente der Tierversuchsgegner haben gegen diese übermächtige Lobby einen schweren Stand. Daher bieten wir der Befürworterseite in diesem Buch bewusst kein Forum.

25. Kann man Experimentatoren durch fundierte Argumentation nicht davon überzeugen, dass Tierversuche unnötig sind?

Wissenschaftler, die selbst Tierversuche durchführen, sind Argumenten zur Abschaffung von Tierversuchen in der Regel nicht zugänglich und empfinden Tierversuchsgegner-Organisationen sogar als existenziell bedrohlich. Das liegt in der Natur der Sache. Auch Schlachter lassen sich nicht von wissenschaftlichen Studien überzeugen, die die gesundheitlichen Vorteile der vegetarischen oder veganen Ernährung belegen. Es geht hier um viel Geld, um Arbeitsplätze, enorme staatliche Förderung, Stiftungsgelder usw. Wer selbst Nutznießer dieser Vorteile ist, der trennt sich nicht freiwillig davon.

Viele Experimentatoren haben sich nie für etwas anderes als Tierversuche interessiert und beherrschen deshalb auch keine andere Forschungsmethode. Der Mensch neigt nun einmal dazu, alte Gewohnheiten beizubehalten. Um sich von Tierversuchen abzuwenden, müsste ein Wissenschaftler zugeben, dass er auf dem falschen Weg war. Er müsste sich der Kritik seiner Kollegen aussetzen, die am Tierversuch festhalten wollen. Einfacher, als etwas zu ändern, ist es deshalb zu behaupten, ohne Tierversuche müssten wir an schrecklichen Krankheiten sterben. Im nächsten Atemzug werden dann die Tierversuche als einzige Rettung dargestellt, und die Geschichte zeigt, dass Menschen, die Angst haben, gerne an einfache Lösungen glauben.

26. ■ Kann ich mir einmal einen Tierversuch ansehen?

Nein, bei Tierexperimenten darf niemand zusehen, obwohl sie größtenteils durch unsere Steuergelder finanziert werden. Tierversuche finden hinter hermetisch abgeriegelten Türen statt. Als Gründe werden Firmengeheimnisse genannt oder der Schutz der Tiere. Besucher könnten Krankheitserreger einschleppen oder die Tiere erschrecken. Mitunter wird bestimmten Personengruppen, z. B. Schulklassen oder auch Journalisten, Einlass gewährt. Solche Führungen werden gern zur Gehirnwäsche der Besucher genutzt. Was ihnen präsentiert wird, entspricht in keiner Weise der Realität. Allenfalls bekommen sie einige umherwuselnde Mäuse oder an Bananen knabbernde Äffchen zu sehen. Bei den Tierversuchen darf jedoch niemand zuschauen. Zu groß ist die Angst der Experimentatoren, die Besucher könnten anschließend zu Tierversuchsgegnern werden.

Das Leid der Tiere öffentlich zu machen, ist eine der Hauptaufgaben der Tierversuchsgegner-Organisationen. Ein Teil der Informationen kommt dabei ungewollt von den Experimentatoren selbst, wenn sie Studien mit Details und Ergebnissen ihrer Versuche in wissenschaftlichen Fachzeitschriften veröffentlichen. Die Internet-Datenbank der Ärzte gegen Tierversuche e.V. (www.datenbank-tierversuche.de) dokumentiert Kurzfassungen Tausender Versuchsbeschreibungen aus solchen Fachpublikationen.

Außerdem gewähren Augenzeugenberichte von Aussteigern und heimlich mit versteckter Kamera gemachte Foto- und Filmaufnahmen Einblicke in die Realität des Tierversuchs. Viele Versuche werden jedoch nie bekannt, denn ihre Genehmigung wird unter Ausschluss der Öffentlichkeit vorgenommen, und misslungene Versuche werden erst gar nicht veröffentlicht (vgl. Frage 20).

27. Waren nicht alle Nobelpreisträger für Medizin und Physiologie tierexperimentell tätig?

Das mag stimmen, doch spricht diese Tatsache nicht für Tierversuche, sondern für eine überholte Tradition. Niemand kann sagen, ob die nobelpreiswürdigen Entdeckungen ohne Tierversuche nicht sogar schneller hätten gefunden werden können. Dass dies nicht erfolgen konnte, ist lediglich ein Zeichen dafür, wie stark sich die Methode Tierversuch trotz ihrer erwiesenen Wertlosigkeit in den biomedizinischen Wissenschaften verankert hat. Für diese extrem eingeschränkte Wissenschaftswelt, die sich Ende des 19. Jahrhunderts entwickelte und bis heute fortbesteht, ist der Tierversuch Prüfstein jeglicher medizinischer Erkenntnis. Forschung ohne Tierversuche gilt als unwissenschaftlich. So ist es zu erklären, dass fast ausschließlich tierexperimentelle Arbeiten eines Nobelpreises für würdig befunden wurden (siehe auch Fragen 29 und 30).

28. Würden die Experimentatoren bei einem Tierversuchsverbot bei uns nicht einfach ins Ausland gehen, wo die Bedingungen für die Tiere noch schlechter sind?

Die Abwanderung ins Ausland und das Ende des Forschungsstandortes Deutschland ist eine ständige Drohung der Forschungslobby, sobald auch nur geringste Tierschutzverbesserungen auf der politischen Agenda stehen. Mit einer solchen Einschüchterungstaktik wird versucht, jeglichen Fortschritt auf Tierschutzebene im Keim zu ersticken. Wäre man dieser Argumentation gefolgt, wären heute noch Kinderarbeit und

Sklaverei in Deutschland erlaubt. Experimentatoren, die solche Drohungen äußern, schrecken anscheinend nicht davor zurück, deutsches Gesetz zu brechen, sobald sie sich im Ausland befinden. Man muss sich hier die Frage stellen, ob der Forschungsstandort Deutschland Forscher braucht, die offensichtlich bereit sind, demokratisch erlangte Rechtsvorschriften zu ignorieren.

29. ■ Warum werden Tierversuche gemacht?

Obwohl sich der Tierversuch in der Vergangenheit immer wieder als irreführend und wertlos erwiesen hat, wurde er zum Dogma der biomedizinischen Wissenschaft des 20. Jahrhunderts (siehe auch Frage 30). Schon im Studium müssen angehende Mediziner und Biologen eigens zu diesem Zweck getötete Tiere sezieren oder an ihren Organen experimentieren. So werden sie in eine Wissenschaftswelt eingeweiht, in der der Tierversuch integraler Bestandteil der Lehrmeinung ist. Wer sich in dieser Welt profilieren will, muss eine seitenlange Liste von Veröffentlichungen in renommierten Fachzeitschriften aufweisen. Und jeder neue Artikel zieht weitere Tierversuche nach sich. Auch die bevorzugte finanzielle Förderung tierexperimenteller Forschungsvorhaben durch Bund, Länder und verschiedene Einrichtungen, wie die Deutsche Forschungsgemeinschaft, sind eine Triebfeder zur Durchführung immer neuer Tierversuche. Viele Publikationen kombiniert mit der vagen Hoffnung auf einen Durchbruch im Kampf gegen Krankheiten, und sei sie auch noch so realitätsfern, lassen fast unerschöpfliche Geldquellen sprudeln. Tierversuchsfreie Methoden werden hingegen nur mangelhaft gefördert.

Die Industrie hält aus anderen Gründen am Tierversuch fest. Bei den Konsumenten soll ein Gefühl der Sicherheit und des Vertrauens in neue chemische und pharmazeutische Produkte geweckt werden. Tierversuche erfüllen somit eine Alibi-Funktion: Sie spiegeln eine Unbedenklichkeit von Produkten vor, die in Wahrheit nicht gegeben ist. Tierversuche dienen außerdem der rechtlichen Absicherung der Hersteller, falls es bei einem ihrer Produkte zu schädlichen Nebenwirkungen beim Menschen kommt. Das Prinzip Tierversuch hat auch Eingang in unzählige Gesetze gefunden, die vorgeblich Mensch und Umwelt vor schädigenden Einflüssen schützen sollen. Erst einmal im Gesetz festgeschrieben, ist der Tierversuch nur schwer wieder zu entfernen. So werden neue tierversuchsfreie Verfahren nur nach umfangreichen Tests (»Validierung«) behördlich anerkannt. Paradoxerweise müssen ihre Ergebnisse mit denen des entsprechenden Tierversuchs übereinstimmen. Das Problem dabei ist, dass der Tierversuch selbst nie validiert wurde. Die Qualität neuer, sinnvoller Testsysteme wird also an einer mangelhaften, veralteten Methode gemessen (siehe auch Frage 75).

Experimentatoren, Universitäten, Pharma- und chemische Industrie, Auftragslabors, »Versuchs«tierhändler, Firmen, die Käfige und anderes Zubehör herstellen – ein weit verzweigtes Netz einer mächtigen Industrie profitiert vom Tierversuch. Politik und Medien sind durchzogen von diesem Netz. Beispielsweise beteiligt sich das Bundesministerium für Bildung und Forschung an einem Propagandabuch der Chemieindustrie für Schüler, in welchem Tierversuche verharmlosend dargestellt werden. Medien berichten oft unkritisch über Tierversuche, weil sie von den Anzeigenschaltungen der Industrie abhängig sind. Die Tierversuchs-Maschinerie hat eine Eigendynamik entwickelt; sie ist wie ein gigantisches Perpetuum mobile, das sich selbst erhält und, erst einmal in Gang gesetzt, nur schwer zu stoppen ist.

30. Wie konnte sich der Tierversuch so in der Wissenschaft etablieren?

Die ersten belegten Tierversuche gehen auf den griechischen Arzt Alkmaion von Kroton im 5. vorchristlichen Jahrhundert zurück. Er war aber zu dieser Zeit eher ein Ausnahmefall, denn die altgriechische Wissenschaft stützte sich damals auf sorgsame klinische Beobachtung kranker Menschen und persönliche Erfahrungen von Ärzten.

Als Vater der Vivisektion (wörtlich: lebend aufschneiden) gilt Galen von Pergamon (130-201). Er studierte die Anatomie

> Die Größe und den moralischen Fortschritt einer Nation kann man daran messen, wie sie ihre Tiere behandelt. Die Vivisektion ist das schwärzeste aller schwarzen Verbrechen, dessen sich der Mensch heute schuldig macht.
>
> *Mahatma Gandhi (1869-1948), indischer Staatsmann, Rechtsanwalt, Friedensaktivist und Philosoph; Nobelpreis 1913*

und Physiologie an lebenden, aufgeschnittenen Tieren, meist Affen und Schweinen, und übertrug seine Erkenntnisse vorbehaltlos auf den Menschen. Seine Lehren wurden jahrhundertelang weitergegeben und wirkten sich in der Medizin bis ins späte Mittelalter katastrophal aus. So war er der Überzeugung, dass Frauen zwei Gebärmütter hätten, eine für Jungen, eine für Mädchen. Urin werde direkt aus der Hohlvene abgesondert, das Blut fließe durch unsichtbare Poren von der rechten Herzkammer in die linke, Eiter sei gut für den Heilungsprozess und Obst schädlich.

Neben den Irrlehren Galens verhinderte im Mittelalter das kirchliche Verbot der Öffnung von Leichen einen medizinischen Fortschritt. Statt die Anatomie Verstorbener zu studieren, bediente man sich lebender Tiere. Zum Wegbereiter grausamster Tierversuche wurde in der Folgezeit die Lehre des französischen Philosophen René Descartes (1596-1650), der aus seinem Leitsatz »Cogito ergo sum – ich denke, also bin ich« folgerte, dass Tiere vernunftlose und gefühllose Reflexautomaten seien. Schmerzensschreie von Tieren erklärte er mit mechanischen Abläufen wie dem Quietschen einer Maschine.

Dass der Tierversuch heute als unumstößlicher Bestandteil der Wissenschaft gilt, ist maßgeblich auf den französischen Physiologen Claude Bernard (1813-1878) zurückzuführen. Er übertrug die Forschungsmethoden der Chemie und Physik auf die Physiologie (Lehre von den Körperfunktionen). Seiner Vorstellung nach unterlagen auch die biologischen Funktionen starren Gesetzmäßigkeiten. Unterschiede zwischen den Tierarten und dem Menschen konnte es deswegen nicht geben. Aus dem gleichen Grund lehnte er auch Fallstudien und klinische Untersuchungen am Krankenbett ab, weil diese experimentell nicht nachvollziehbar waren. Das Tierexperiment wurde zum Prüfstein jeglicher medizinischen Erkenntnis. Sein Eifer und die schiere Masse an Daten, ob korrekt oder nicht, die er aus den lebend sezierten Tieren herauspresste, fanden viele Anhänger. Schon bald wurden Geldquellen erschlossen und neue Wirtschaftszweige, die die Experimentatoren mit Tieren und Gerätschaften versorgten, florierten. Zwar gab es auch damals schon Kritiker, doch diese hatten angesichts der aufkeimenden Tierversuchsindustrie wenig Einfluss.

Die Bernard'sche Lehre setzt sich bis heute in einem wissenschaftlichen Weltbild fort, das nur Erkenntnisse akzeptiert, die analytisch nachvollziehbar sowie mess- und reproduzierbar sind. Im Rahmen dieses antiquierten Wissenschaftssystems werden Krankheiten zu technischen Defekten und Tiere zu Messinstrumenten. Ein Ausstieg aus diesen alten Denkmustern ist mehr als überfällig.

Tierversuche und Ethik

31. Welche ethischen Gründe sprechen gegen Tierversuche?

Tiere können fühlen, Freude und Angst empfinden, Schmerz und Qualen erleiden wie wir. Das Quälen und Töten von Tieren muss daher genauso als moralisch unzulässig angesehen werden wie das eines Menschen. Tieren muss ein grundlegendes Recht auf Schutz vor Willkür und Gewalt durch den Menschen eingeräumt werden. Tieren Rechte zuzugestehen, bedeutet jedoch nicht eine Verpflichtung zur Gleichbehandlung von Mensch und Tier in jeder Beziehung. So haben beispielsweise das Recht auf freie Berufswahl oder Religionsausübung für Tiere keine Bedeutung. Tiere haben ihre eigenen Bedürfnisse, die bei der Anerkennung ihrer Rechte zu berücksichtigen sind. Für sie steht das Recht auf Leben in Unversehrtheit und Freiheit an erster Stelle.

Im Tierversuch werden die Tiere nicht nur ihrer Freiheit und ihres Lebens beraubt, sie werden zu Messinstrumenten degradiert, die nach Gebrauch weggeworfen werden. Doch zu glauben, man könne Gesundheit und Wohl des Menschen auf dem Rücken von Milliarden geschundener Tiere aufbauen, ist widersinnig. Ein solcher Umgang mit leidensfähigen Lebewesen steht einem respektvollen Umgang mit Leben und der Entwicklung von Mitgefühl entgegen. Tierversuche und eine ethisch vertretbare Medizin und Wissenschaft schließen sich aus. Selbst bei einem potenziellen Nutzen für den Menschen dürfen Tierversuche nicht zulässig sein. Eine moralisch verwerfliche Methode wird nicht dadurch akzeptabel, dass mit ihr ein hehres Ziel verfolgt wird. Mit der gleichen Begründung müssten sonst auch schmerzhafte oder tödlich endende Versuche an Menschen zulässig sein. Tatsächlich müssen Achtung und Ehrfurcht vor dem Leben das höchste Gebot menschlichen und insbesondere auch ärztlichen und wissenschaftlichen Handelns sein.

32. Werden Tiere für derartige Versuche benutzt, weil sie unempfindlicher sind als Menschen?

Noch vor einigen Jahrzehnten war es verpönt, galt es als »Vermenschlichung«, Tieren Leidensfähigkeit oder gar Emotionen zuzusprechen. Zurückzuführen ist diese Haltung auf den französischen Philosophen René Descartes, der vor fast 400 Jahren postulierte, Tiere seien nicht mehr als gefühllose Reflex-Automaten, ihre Schmerzensschreie seien mit dem Quietschen einer Maschine gleichzusetzen (siehe auch Frage 30). Doch dieses Tierbild ist in der Verhaltensforschung inzwischen überholt.

Schmerz hat beim Tier die gleiche Funktion wie beim Menschen, nämlich zu warnen und eine rasche Reaktion auf eine Gefahr hervorzurufen. Von Seiten der Verhaltensforschung bestehen heute keine Zweifel mehr, dass zumindest alle Wirbeltiere Schmerz, Stress und Angst empfinden können. Biologische Merkmale der Schmerzempfindung sind auch bei vielen Wirbellosen, vor allem Krebstieren wie Hummern, und Kopffüßern, wie Tintenfischen und Kraken, bekannt.

Zunehmend werden Tiere als eigenständige Wesen, ja Persönlichkeiten wahrgenommen mit Gefühlen, Intelligenz und kognitiven Fähigkeiten, die weit über die reine Schmerzempfindung hinaus gehen.

Von Menschenaffen, Walen, Delphinen, Elefanten, Schweinen und Graupapageien weiß man, dass sie ein Ich-Bewusstsein haben. Sie erkennen sich selbst im Spiegel, eine Fähigkeit, die lange Zeit nur Menschen zugeschrieben wurde. Ebenso wie der Werkzeuggebrauch, der bei verschiedenen Tierarten wie Affen, Raben, Ottern und Elefanten bekannt ist.

In der tierexperimentellen Forschung ist man jedoch weit entfernt von den Erkenntnissen der modernen Verhaltensforschung. Schon allein die Degradierung von fühlenden Lebewesen zu »Modellen« oder »Modellorganismen«, die bevorzugten Bezeichnungen der Experimentatoren für Tiere, macht den immer noch vorherrschenden Geist Descartes' deutlich.

33. Können Tiere außer körperlichem Schmerz überhaupt Leiden empfinden?

Man muss kein Verhaltensforscher sein, um zu wissen, dass Tiere ein komplexes Gefühlsleben haben. Jeder, der einmal gesehen hat, wie ein Hund leidet, wenn sein Mensch verreist oder gar gestorben ist, jeder, der einmal beobachtet hat, wie ein Muttertier leidet, dem die Jungen weggenommen wurden, jeder, der die angstvoll aufgerissenen Augen einer Kuh im Schlachthof gesehen hat oder das sich mit aller Kraft verzweifelt wehrende Äffchen in der Hand des Experimentators, wird diese Frage mit einem klaren Ja beantworten. Der Begriff Leiden umfasst dabei nicht nur Schmerzen, sondern auch Angst, Stress, Schreckzustände, Panik, starke Aufregung und Erschöpfung, Trauer, Unwohlsein, Hunger- und Durstqualen.

Selbst wenn wir nicht wissen, wie Tiere sich selbst und ihre Umwelt wahrnehmen, die Fähigkeit zu leiden ist unbestritten vorhanden. Vielleicht sind Experimente für das Tier gerade deshalb besonders quälend, weil es die Zusammenhänge nicht begreift wie der Mensch, sondern bei jeder Bedrohung instinktiv Todesangst empfindet.

34. Und was ist mit Insekten und anderen Wirbellosen? Wo soll man die Grenze ziehen?

Normalerweise wird die Grenze zwischen Mensch und Tier gezogen. Doch mit welcher Berechtigung wird sie gerade hier gezogen? Gibt es überhaupt eine Grenze? Oder müssen sich Achtung und respektvoller Umgang auf alle fühlenden Lebensformen erstrecken? Die biologischen Voraussetzungen für Schmerzempfindung sind bei vielen wirbellosen Tieren vorhanden. Besonders ist dies bei Kopffüßern und Krebsen bekannt. Dem besonderen Status dieser Tiere wird sogar im deutschen Tierschutzgesetz Rechnung getragen. So müssen Versuche an Tintenfischen und Kraken, Hummern und Krabben – im Unterschied zu allen anderen Wirbellosen – den Behörden angezeigt werden. Dies schützt sie zwar nicht, zeigt aber, dass das Wissen um ihre Leidensfähigkeit selbst beim Gesetzgeber angekommen ist. Über die Empfindungsfähigkeit vieler wirbelloser Tiere wissen wir heute noch zu wenig. Für diese muss das Prinzip »Im Zweifel für den Angeklagten« gelten. Absichtlicher Missbrauch solcher Lebewesen ist moralisch nicht zu akzeptieren.

35. Warum regen wir uns über ein paar Millionen »Versuchs«tiere auf, während jedes Jahr allein in Deutschland über 500 Millionen Tiere (Fische nicht mitgerechnet) zur Fleischproduktion getötet und Milliarden Tiere als »Schädlinge« vernichtet werden?

Ein Unrecht kann nicht mit einem anderen aufgewogen werden. Die Tatsache, dass andere Tiere für welche Zwecke auch immer Jahr für Jahr, Tag für Tag leiden und getötet werden, kann keine Rechtfertigung für Leid und Tod weiterer Tiere sein. Auch mit der reinen Quantität der für Nahrungszwecke oder zur »Schädlingsbekämpfung« getöteten Tiere gegenüber den Tieren im Labor zu argumentieren, ist vom ethischen Standpunkt aus betrachtet irrelevant, da es für das einzelne Tier keine Rolle spielt, ob es sein Schicksal noch mit zwei oder mit 500 Millionen anderen Tieren teilt. Im Übrigen engagieren sich Tierschützer und Tierrechtler eben auch gegen die Ausbeutung von Tieren in diesen Bereichen (Massentierhaltung, Zirkus, Zoo u.a.).

36. Wenn Tierversuche moralisch nicht akzeptabel wären, müssten sie doch verboten sein.

Gesetzlich erlaubt bedeutet nicht automatisch auch moralisch gerechtfertigt. Auch Kinderarbeit, Sklaverei und die Unterdrückung von Frauen waren in der westlichen Welt einst legal. Die Gesetzgebung ändert sich laufend, hinkt aber den ethischen Vorstellungen der Mehrheit der Bevölkerung oft hoffnungslos hinterher. Grund dafür sind im Bereich Tierrechte die mächtigen Interessen der Tierausbeutungsindustrie, die einen erheblichen Einfluss auf die Gesetzgebung hat.

37. Gibt es nicht – angesichts des großen Elends auf der Welt – wichtigere Themen als Tierversuche?

Tierschutz ist ein Teil des allgemeinen Lebensschutzes, der sich gegen jede Art von Grausamkeit und Unterdrückung, ob gegen Minderheiten, Frauen, Kinder oder Tiere, wendet. Tierrechtler appellieren an das ethische Verantwortungsgefühl des Menschen gegenüber allen seinen Mitlebewesen. Gewalt und Grausamkeit bleiben Gewalt und Grausamkeit, egal gegen welches Opfer sie sich richten. Von Menschen begangenes Unrecht hat viele Gesichter, und jeder, der dagegen aktiv ist, nimmt eine wichtige Position ein. Was würde es nützen, wenn diejenigen, die sich gegen Gewalt engagieren, zum Beispiel alle im Kinderschutz tätig wären, ohne dabei in der Lage zu sein, diesen Kindern eine Welt zu hinterlassen, die für sie lebenswert ist? Der Mensch hat auf dieser Welt nur eine Überlebenschance, wenn es ihm gelingt, mit der Natur Frieden zu schließen. Tierversuche tragen nicht zum Frieden mit der Natur bei. Sie sind im Sinne des Faustrechts eine brutale Kriegserklärung an die Natur und das Leben.

Oder um es mit Mahatma Gandhi zu sagen: »Die Größe und den moralischen Fortschritt einer Nation kann man daran messen, wie sie die Tiere behandelt.«

38. Hat der Mensch nicht das Recht, ihm unterlegene Lebewesen für seine Zwecke zu benutzen?

Oft wird in populärwissenschaftlichen Schriften die Evolution so dargestellt, dass wir uns aus anderen Tieren entwickelt haben, dass wir zum Beispiel von den Affen abstammen. Diese Sichtweise führt dazu, den Menschen an die Spitze einer Art natürlicher Hierarchie zu setzen. Und damit wiederum wird der Mensch zur »Krone der Schöpfung«, zu dem Wesen, das alle anderen unterordnen und ausnutzen darf.

Diese hierarchische Vorstellung durchzieht unsere gesamte Kultur, obwohl sie auf einer falschen Annahme beruht. Sicher haben Menschen und Tiere gemeinsame Vorfahren, aber es ist nicht so, dass sich eine Linie von den einfachsten Einzellern bis zum Menschen zieht und der Mensch damit zum höchstentwickelten aller Lebewesen wird. Vielmehr muss man sich die Evolution als eine Art Baum vorstellen, von dem Äste abzweigen. Der Ast der Fische zweigte vor circa 400 Millionen Jahren ab, der der Vorgänger der Reptilien vor 280 Millionen Jahren. Vor 35 Millionen Jahren zweigte der Ast der heute lebenden Primaten ab, und vor vier Millionen Jahren trennten sich die Wege von Mensch und Schimpanse. Diese verschiedenen Entwicklungszweige haben zu einer enormen Artenvielfalt und zu erheblichen Unterschieden zwischen den einzelnen Arten geführt. Der Mensch ist damit nicht höher oder niedriger als andere Lebewesen, sondern einfach nur einer der Zweige des Evolutions-Baumes.

Der Mensch ist eben nicht die »Krone der Schöpfung«, die er vorgibt zu sein, nicht der Herr über alle anderen Lebewesen, die er nach seinem Gutdünken nutzen und ausnutzen kann. Er ist tatsächlich nur eine Art unter vielen. Oft wird argumentiert, wir seien doch wohl höher entwickelt als eine Stechmücke. Natürlich haben wir Fähigkeiten und Eigenschaften, die andere Arten nicht entwickelt haben. Aber andere Arten haben ebenfalls Fähigkeiten und Eigenschaften, die wir nicht haben. Die Stechmücke hat Infrarotsensoren, mit denen sie die Wärmeausstrahlung von Lebewesen wahrnehmen kann. Das können wir nicht. Oder ein Spinnennetz, gewoben aus einem Material, das so dünn, so leicht und doch so reißfest und flexibel ist, dazu noch klebt, aber nur an den Beutetieren und nicht an der Spinne selbst – das soll der Mensch mit seinen ausgeklügelten Technologien einmal versuchen nachzumachen. Oder die Wale, die über Hunderte von Kilometern in den Meeren miteinander kommunizieren können, das Kamel, das Flüssigkeit speichern und so tagelang ohne Wasser auskommen kann, der Hund mit seiner feinen Nase. Sind nicht alle Tierarten die am höchsten entwickelten in ihrer ökologischen Nische?

Indem wir unsere speziell menschlichen Fähigkeiten über diejenigen stellen, die für andere Tierarten charakteristisch sind, nehmen wir eine rein subjektive Verzerrung vor. Diese Verzerrung steht im Widerspruch zu unserer Bedeutung im Lauf der Welt. Außerdem übersieht sie die Tatsache, dass eine Überlegenheit, die dazu führt, dass wir uns selbst und mit uns das gesamte Leben auf unserem Planeten gefährden, keine wirkliche Überlegenheit ist.

Genauso wenig wie wir das Recht haben, Menschen anderer Hautfarbe oder anderen Geschlechts zu diskriminieren, genauso wenig haben wir das Recht, Tiere für eigennützige Zwecke auszubeuten, nur weil sie einer anderen Lebensform angehören. Achtung und Erfurcht vor dem Leben muss für alle Lebewesen gelten.

39. Für die Evolution mag das ja zutreffen, aber heißt es nicht schon in der Bibel »Macht euch die Erde untertan«?

Wohl kaum ein Bibelspruch ist so sehr missbraucht worden wie dieser. Er dient der Rechtfertigung jeglichen Unrechts, das der Mensch seinen Mitgeschöpfen antut. Doch ist ein König, der seine Untertanen bis aufs Letzte ausbeutet, ihre Umwelt zerstört, sie ausrottet, sie züchtet, schlachtet, isst, sie eines angeblichen Nutzens wegen zu Tode quält, kein König, sondern ein Tyrann.

40. Haben Tierexperimentatoren Spaß am Quälen von Tieren?

Wir denken nicht, dass Tierexperimentatoren unbedingt Spaß am Quälen der Tiere haben. Allerdings scheinen Personen, die im Umfeld von Tierversuchen tätig sind (also auch Tierpfleger, »Versuchs«tierzüchter usw.), Schmerzen, Angst und Leid der Tiere nicht oder nur sehr eingeschränkt wahrnehmen zu können oder zu wollen. Dies wird von manchen Tierexperimentatoren selbst zugegeben, z.B. nachdem sie aus dem aktiven Experimentieralltag ausgeschieden sind[33]. Auch eine Studie, die sich mit Tierversuchen an deutschen Universitäten befasste, ergab, dass weit über die Hälfte der betreffenden Tierexperimentatoren die Leiden ihrer Tiere niedriger einstuften, als sie in Wirklichkeit waren[34].

Menschen, die jeden Tag leidende und sterbende Tiere beobachten oder ihnen selbst Schmerzen zufügen, stumpfen unweigerlich ab. Wenn Experimentatoren Mitgefühl mit den

Tieren hätten, dann könnten sie diese Arbeit nicht jahre- oder jahrzehntelang machen, ohne selbst seelisch unter ihrer Arbeit zu leiden. Einer kanadischen Studie zufolge konnten Ärzte, nachdem sie einige Zeit Tierversuche gemacht hatten, das Leid ihrer menschlichen Patienten nicht mehr wahrnehmen[35]. Viele Experimentatoren sind überzeugt, sie würden etwas Gutes tun, glauben, dass das Leid der Tiere gerechtfertigt sei. Doch für das einzelne Tier spielt es keine Rolle, aus welchem Grund es gequält wird.

41. Müssten Tierversuchsgegner nicht konsequenterweise jegliche medizinische Versorgung ablehnen?

Als Tierversuchsgegner muss man nicht auf Medikamente und medizinische Versorgung verzichten. Bei der Ernährung und bei Kosmetika haben wir die Möglichkeit, auf Tierqualprodukte zu verzichten, bei Medikamenten, Operationen und anderen medizinischen Maßnahmen haben wir diese Wahl kaum oder gar nicht.

Natürlich ist es schon der eigenen Gesundheit zuliebe ratsam, gesund zu leben und so wenig Medikamente wie möglich zu nehmen. Z.B. kann auf naturheilkundliche Behandlungsmethoden zurückgegriffen werden. Wenn es aber unumgänglich ist, sollten die Tierversuche, die zuvor für ein Produkt durchgeführt worden sind, niemanden von dessen Einnahme abhalten. Ziel muss es sein, dass Tierversuche abgeschafft werden und dass es tierversuchsfreie Medikamente und Behandlungsmethoden gibt. Doch solange dies noch nicht der Fall ist, würde es keinem einzigen Tier nützen, wenn man auf medizinische Maßnahmen verzichten würde.

Dass praktisch alle Medikamente an Tieren erprobt wurden, ist außerdem kein Beweis dafür, dass es diese ohne Tierversuche nicht gäbe, wie oft behauptet wird. Im Gegenteil, ohne Tierversuche wäre die Medizin sehr wahrscheinlich schon viel weiter, denn Tierversuche halten wegen der falschen Ergebnisse, die sie liefern, den medizinischen Fortschritt auf. Bei einem Verbot von Tierversuchen würden tierversuchsfreie Methoden, z. B. In-vitro-Verfahren, klinische Forschung sowie die Prävention von Krankheiten im Vordergrund stehen, was zu einer wesentlichen Verbesserung der Gesundheitslage der Menschen führen würde (siehe Frage 79).

42. Würden Sie lieber ein Kind sterben lassen, als ein paar Ratten zu opfern?

Diese Frage kann schon deshalb nicht beantwortet werden, weil es keinen Tierversuch gibt, bei dem sich diese Frage stellen würde. Eine direkte Beziehung zwischen einem Tierversuch und der Rettung eines Menschen existiert nicht. Zwar steht auf der einen Seite das ursprünglich gesunde Tier, welches sicher zu Tode gequält wird. Daraus resultiert aber nie die Rettung eines konkreten Menschen. Vielmehr stirbt das Tier für die vage Hoffnung eines Experimentators, der behauptet, es könnten sich daraus möglicherweise für den Menschen wichtige Erkenntnisse ergeben. Von daher stehen sich hier also zwei vollkommen unterschiedliche Werte gegenüber, anders als die Tierexperimentatoren uns häufig glauben machen wollen. Die Frage unterstellt Tierversuchsgegnern auch eine Menschenfeindlichkeit, die keineswegs gegeben ist. Im Gegenteil – wir möchten weder die Medizin noch Medikamente abschaffen, sondern wir fordern eine Heilkunst, welche mit zuverlässigen und ethisch akzeptablen Methoden zu ihrem Ziel, nämlich der Heilung von Krankheiten und, noch besser, deren Vermeidung, führt. Die Frage «Wollen Sie lieber ein Kind oder eine Ratte retten?« ist deswegen nicht nur bewusst falsch gestellt, sondern auch ethisch nicht zu akzeptieren. Es geht nicht darum, sich zwischen einem Menschen oder einem Tier zu entscheiden – es geht nur um die Entscheidung zwischen guter Wissenschaft und sinnloser Grausamkeit.

43. Welche Auswirkungen haben Tierversuche auf die medizinische Kultur?

Es ist falsch zu glauben, dass neue Heilmittel und Heilverfahren für den kranken Menschen durch gequälte und getötete Tiere produziert werden könnten. Tierversuche tragen dazu bei,

> Vielleicht ist die Kunst des Heilens schon mit der Einführung des Stethoskops verloren gegangen. Denn vorher haben wir unser Ohr auf das Herz des Patienten gelegt und zugehört. Sicher aber mit der Einführung des Gesundheitsmanagements, das auf ökonomischen Richtlinien basiert und den Menschen in seiner Einzigartigkeit in den Hintergrund gedrängt hat. Die Seele der Medizin, das Bündnis zwischen Arzt und Patient ist dabei verloren gegangen. (...) Meine Erfahrung zeigt: In dem Moment, wo wir uns wieder auf den Patienten besinnen und ihm gut zuhören, wissen wir in 90 Prozent die Diagnose – ganz ohne die Hilfe der Technik.
>
> *Bernhard Lown (*1921), amerikanischer Kardiologe, Mitbegründer der Internationalen Ärzte für die Verhütung des Atomkrieges (IPPNW), Erfinder des Defibrillators und des Kardioversionsgerätes, 2002*

dass sich die Medizin immer mehr von ihrer eigentlichen Aufgabe, nämlich Krankheiten vorzubeugen, sie zu behandeln und zu heilen, entfernt. Tierversuche können zu keinen Erkenntnissen über die Vorbeugung menschlicher Krankheiten, über ihre wirklichen Ursachen und psychosomatischen Zusammenhänge sowie über das Wesen des Heilvorganges beitragen. Sie führen vielmehr zu einer Verrohung der medizinischen Kultur, in der Krankheiten oft lediglich als technisch behebbare Defekte verstanden werden. Die sogenannten Zivilisationskrankheiten machen heute in der westlichen Welt rund drei Viertel aller Todesfälle aus. Trotz unzähliger Tierversuche ist kein Durchbruch bei ihrer Bekämpfung in Sicht.

Völlig neue Strategien sind notwendig im Kampf gegen Herz-Kreislauf-Erkrankungen, Krebs, Rheuma, Diabetes, Demenz-Krankheiten, psychische Erkrankungen, Suchtkrankheiten wie Alkohol-, Nikotin- und Drogenabhängigkeit, Allergien usw. Die Entwicklung immer neuer, oft schädlicher oder gar tödlich wirkender Pharmaka, für deren Herstellung Millionen von Tieren gequält und getötet wurden, führt immer tiefer in eine Sackgasse.

Humanmedizin

44. Der modernen Medizin mit ihren im Tierversuch erprobten Medikamenten verdanken wir den Anstieg der Lebenserwartung in den letzten 100 Jahren!

Das ist ein Trugschluss! Der Anstieg der Lebenserwartung im letzten Jahrhundert in Europa ist vor allem durch einen Rückgang der infektionsbedingten Säuglings- und Kindersterblichkeit zu erklären.

Die Menschen der sozial benachteiligten Schichten lebten im 18. und 19. Jahrhundert unter heute kaum vorstellbaren Bedingungen. Sie hausten in engen, feuchten, schmutzigen Wohnungen ohne Frischwasserzufuhr und sanitäre Anlagen. Die Arbeit war hart, und eine soziale Absicherung gab es nicht. Mangelernährung tat ihr Übriges. Mitte des 19. Jahrhunderts erkannte man die Zusammenhänge zwischen diesen katastrophalen sozialen Verhältnissen der Arbeiterschicht und den Seuchen wie Tuberkulose, Keuchhusten, Ruhr, Cholera, Diphterie und Typhus. Mit der Einführung hygienischer Verhältnisse und verbesserter Arbeits- und Lebensbedingungen gegen Ende des 19. Jahrhunderts kam es zu einem drastischen Rückgang der Infektionskrankheiten der damaligen Zeit.

Der britische Sozialmediziner Thomas McKeown (1911-1988) wies nach, dass die Infektionskrankheiten und damit die frühe Sterblichkeit lange vor der Entwicklung von Antibiotika und Impfstoffen auf dem Rückzug waren[36]. Dass diese These zutrifft, lässt sich auch mit dem regelmäßigen Aufflackern von Infektionskrankheiten in den Ländern der Dritten Welt oder in Kriegsgebieten trotz des Einsatzes von modernen Medikamenten belegen. Nicht die medizinische Versorgung, sondern die Umwelt und soziale Faktoren sind die ausschlaggebenden Determinanten des allgemeinen Gesundheitszustandes der Bevölkerung, somit auch der Lebenserwartung.

45. Ohne Tierversuche wären viele wertvolle Errungenschaften der Medizin nicht möglich gewesen. Wo wäre die Medizin heute, wenn es Tierversuche nie gegeben hätte?

Der Stand der heutigen, naturwissenschaftlich ausgerichteten Medizin, die zu einem wesentlichen Teil auf Tierversuchen basiert, ist weder ein Beweis für deren Notwendigkeit, noch sagt sie etwas über die weitere Entwicklung der Medizin aus. Die Tatsache, dass in der Vergangenheit Tierversuche durchgeführt wurden, bedeutet nicht, dass die Errungenschaften der Medizin nur auf diese Weise gefunden werden konnten. Wenn jemand mit dem Auto von Hannover nach Berlin fährt und dort ankommt, heißt dies nicht, dass er mit der Bahn nicht schneller, bequemer und billiger hingekommen wäre. Die Erfolge der Medizin fallen außerdem weitaus spärlicher aus, als oftmals dargestellt wird.

Seit Jahrzehnten wird unter immensem Aufwand an Milliarden von Tieren geforscht. Das Ergebnis ist bislang eher dürftig. Wenn der Tierversuch wirklich so wertvoll wäre, warum gibt es dann noch nicht das Mittel gegen Krebs, die Impfung gegen AIDS, den Durchbruch bei Alzheimer? Die Hälfte aller Westeuropäer stirbt an Herz-Kreislauf-Erkrankungen, ein Viertel an Krebs. Tendenz steigend. Wirkungsvolle Therapien gegen diese und andere Zivilisationskrankheiten sind nicht in Sicht.

Natürlich sind auch einzelne Fortschritte erzielt worden. Diese stehen jedoch in keinem akzeptablen Verhältnis zum jahrzehntelangen Aufwand. Vor allem sind sie aber nicht zwangsläufig auf die tierexperimentelle Forschung zurückzuführen. Im Gegenteil: Bei gleichem Forschungsaufwand für tierversuchsfreie Verfahren in Kombination mit umfangreicher Prävention wäre es um die Gesundheit der Menschen heute weitaus besser bestellt. Allein in Bezug auf Krebs ließen sich zwei Drittel der Erkrankungen durch Prävention verhindern[37]. Ohne Tierversuche wären uns zudem viele Arzneimittel-Katastrophen erspart geblieben. Denn Tierversuche täuschen eine Arzneimittelsicherheit vor, die nicht vorhanden ist.

46. Zeigt nicht das Beispiel Contergan, dass früher zu wenig Tierversuche gemacht wurden?

Die missbildenden Eigenschaften von Thalidomid (Contergan) zeigten sich experimentell erst im Nachhinein und nur bei zwei Tierarten, dem Neuseeland-Kaninchen und einer Affenart. Und das auch nur bei sehr hohen Dosierungen. Bei allen möglichen anderen Tierarten von der Maus über das Schwein und das Frettchen bis zum Gürteltier waren keine missbildenden Eigenschaften festzustellen. Daraus zu folgern, man müsse jedes Medikament an mehreren Tierarten testen, ist absurd. Woher soll man wissen, welche Tierart passend ist, ob der Mensch wie die Maus oder wie das Neuseeland-Kaninchen oder wie keines von beiden reagieren wird? Ob der Mensch auf eine bisher nicht bei ihm eingesetzte Substanz wie eine bestimmte Tierart reagiert, weiß man immer erst nach der Anwendung beim Menschen. Tierversuche sind als Vorhersage der Wirkung beim Menschen vollkommen wertlos. Ergebnisse aus Tierversuchen, von welcher Tierspezies auch immer, können niemals zu sicheren Voraussagen für uns Menschen führen.

Das Schmerz- und Rheumamittel Benoxaprofen, das wegen Nierenversagens und anderer schwerer Nebenwirkungen vom Markt genommen werden musste, war in Versuchen mit Affen unbedenklich. Die Tiere bauen den Stoff nämlich wesentlich schneller ab als Menschen[38]. Ratten und Mäuse reagierten in diesem Fall dem Menschen ähnlicher als Affen, unsere nächsten Verwandten. Natürlich stellte sich das erst heraus, nachdem die Substanz bei Menschen eingesetzt wurde. Welche Ergebnisse aus welchen Tierversuchen von welcher Tierart sollte man als auf den Menschen übertragbar ansehen und welche nicht?

Der Blutfettsenker Lipobay wurde 2001 zurückgezogen, weil es beim Menschen zu Todesfällen durch Muskelzerfall gekommen war. In den zuvor durchgeführten Tierversuchen erlitten Hunde vor allem andere Nebenwirkungen, nämlich Magenblutungen und schwere Veränderungen des Auges. Hohe Dosen riefen bei Hunden, Ratten, Mäusen und Schweinen leichten Muskelzellabbau hervor. Trotzdem wurde der Wirkstoff weiter verfolgt. Der Lotteriecharakter von Tierversuchsaussagen ist durchaus bekannt, und die Pharmaindustrie schlägt daraus Nutzen. Die Ergebnisse von Tierversuchen können nämlich so ausgelegt werden, wie man sie gerade braucht. Sind die Ergebnisse im Sinne des Pharma-Unternehmens, kann weitergeforscht werden. Zeigen sich beim Tier hingegen unerwünschte Wirkungen, wird die Übertragbarkeit auf den Menschen angezweifelt, und das Medikament geht ebenfalls in die nächste Phase. Hauptgrund hierfür sind die ungeheuren Kosten, die der Hersteller bereits in das neue Mittel investiert hat. Bis zu einer Milliarde US-Dollar verschlingt die Entwicklung eines einzigen Medikaments[39]. Diese Investitionen müssen sich für den Hersteller auszahlen. So werden mitunter Ergebnisse geschönt, Gefahren ignoriert (siehe auch Frage 47).

Zurück zu Contergan: Obwohl nach der Contergan-Katastrophe die Prüfung im Tierversuch auf Schädigung der Frucht im Mutterleib längst zur Routine geworden ist, sind nach Einsatz anderer Medikamente, wie z.B. der Aknemittel Isotretinoin und Etritinat, bei schwangeren Frauen missgebildete Kinder zur Welt gekommen. Die Kinder wiesen Gaumenspalten, Herz- und Aortafehler sowie andere Defekte auf. Auch der Ausbau der Tierversuche konnte diese Missbildungen nicht verhindern.

47. Gäbe es ohne Tierversuche nicht noch viel mehr Arzneimittelkatastrophen?

Als Folge der Contergan-Katastrophe der 1960er Jahre müssen seit 1978 Arzneimittel, die neu auf den Markt kommen sollen, ein Zulassungsverfahren durchlaufen. Die Wirksamkeit und Unbedenklichkeit von neuen Stoffen müssen dabei in Tierversuchen und klinischen Studien (siehe Frage 53) nachgewiesen werden. Doch die Arzneimittelsicherheit konnte damit nicht erhöht werden. Immer noch kommt es wieder und wieder zu schweren unerwünschten Wirkungen. Wie ist dies zu erklären?

Der Grund liegt in mangelnden Sicherheitsvorkehrungen und überstürzten Marktzulassungen. Die Entwicklung eines einzelnen neuen Medikamentes kostet heute bis zu einer Milliarde US-Dollar[39]. Die Investitionen müssen direkt nach der Zulassung möglichst schnell hereingeholt werden, vor allem auch weil nach 20 Jahren der Patentschutz abläuft, d.h. auch andere Firmen können danach die Präparate als sogenannte Generika herstellen. Ihr Wert und damit die Gewinnspanne sinken rapide. Pharmareferenten locken niedergelassene Ärzte mit schönen Reisen oder anderen Geschenken, die neue Pille zu verschreiben. Die aggressive Vermarktung führt dazu, dass binnen kurzer Zeit ein Mittel, das sich eben noch in der Prüfphase befand, von Hunderttausenden Menschen geschluckt wird. Der Cholesterinsenker Lipobay zum Beispiel, der 2001 vom Markt genommen werden musste, wurde nur drei Jahre nach der Zulassung von weltweit insgesamt sechs Millionen Menschen eingenommen. Und dann passiert es – die massenhafte Verbreitung bringt oft verheerende Wirkungen an den Tag.

Der Industrie geht es um den Profit – die Gesundheit der Menschen bleibt auf der Strecke. Die Skrupellosigkeit der Pharmabranche zeigt sich auch am Beispiel des Schmerzmittels Vioxx. Dem Hersteller MSD war das erhöhte Schädigungspotenzial dieser Arznei schon seit 2000 bekannt. Doch die Risiken wurden gezielt unter den Tisch gekehrt. Erst im September 2004, als in einer weiteren Patientenstudie vermehrt Herzinfarkte und Schlaganfälle auftraten und das Risiko nicht mehr zu vertuschen war, blieb der Firma nichts anderes übrig, als das Mittel vom Markt zu nehmen[40/41]. Auch der Pharmariese

Vom wissenschaftlichen Standpunkt aus gesehen, muss festgestellt werden, dass das, was man das »Tiermodellsystem« in der Krebsforschung nennt, sich als eine totale Pleite herausgestellt hat. (…) Es existiert kein Beweis, dass der Gebrauch von Tieren in der Krebsforschung zur Vorbeugung oder zur Genesung auch nur eines einzigen Menschen geführt hat.

Dr. Irwin D.J. Bross, Direktor am Roswell Park Memorial Institute von Buffalo, New York; jahrzehntelang einer der Leiter des American National Cancer Institute, der weltgrößten Krebsforschungsorganisation, 1983

GlaxoSmithKline versuchte jahrelang, u.a. mit Verzerrung von Studien, sein Diabetes-Mittel Rosiglitazon (Avandia) auf dem Markt zu halten, obwohl bereits seit 2000 ein erhöhtes Risiko für Schlaganfälle und Herzinfarkt bekannt war[42]. 2010 kam in der gesamten EU das Aus für Avandia.

Eine Verbesserung der Arzneimittelqualität kann nur durch sorgfältige Sicherheitsprüfungen in der klinischen Phase und durch eine Abkehr vom Tierversuch in der vorklinischen Phase erreicht werden. Pharmaunternehmen und Behörden verlassen sich auf den Tierversuch zur Beurteilung von Wirksamkeit und Gesundheitsrisiko, obwohl dieser Ansatz vollkommen ungeeignet ist. Sowohl bei der Entstehung von Krankheiten als auch bei der Wirksamkeit von Arzneimitteln spielen beim Menschen zahllose Faktoren eine Rolle. Jeder Mensch ist ständig wechselnden äußeren Einflüssen bezüglich Nahrung, Stress, Lebensbedingungen, Umwelt, Klima und umgebenden Mitmenschen ausgesetzt. Auch psychische und soziale Einflüsse spielen eine Rolle. Diesen Faktoren wird in der Tierversuchsforschung keinerlei Beachtung geschenkt.

Neben der Abkehr vom Tierversuch müssen außerdem die klinischen Sicherheitsprüfungen sehr viel sorgsamer erfolgen, als dies augenblicklich der Fall ist (siehe dazu Frage 53).

48. Wird die Medizin bei der Entwicklung neuer Medikamente Rückschritte erleiden, wenn Tierversuche eingestellt werden?

Ganz im Gegenteil. Bei einem Verbot der Tierversuche würden tierversuchsfreie Forschungsmethoden sowie Prävention von Krankheiten in den Vordergrund rücken und so zu einer besseren Gesundheitssituation der Bevölkerung führen.

Doch die Tierversuchslobby schürt gezielt Ängste vor schrecklichen Leiden, um uns anschließend einzureden, nur die tierexperimentelle Medizin könne uns davor retten. Um den Umsatz zu erhöhen, gehen die Pharmakonzerne sogar so weit, Krankheiten zu erfinden. Vollkommen normale Erscheinungen des Lebens werden zu Krankheiten. Wechseljahre bei Mann und Frau, sexuelle Unlust, »Sissi-Syndrom« (angebliche Form der Depression), Darmrumoren[43] – die Pharmaindustrie steht bereit, bei all diesen Beschwerden Abhilfe zu schaffen. Die Normwerte für den Cholesterinspiegel wurden so geändert, dass sie bei über der Hälfte der Deutschen zu hoch liegen[43]. Über Nacht wurden so Millionen gesunde Bundesbürger zu behandlungsbedürftigen Patienten. Mit vielen ihrer Präparate sorgt die Pharmaindustrie zudem dafür, dass Patienten zu lebenslangen Stammkunden werden. Denn die Nebenwirkungen der einen Arzneimittel müssen oft durch andere Medikamente behandelt werden.

Das derzeitige Medizinsystem erweckt die Hoffnung, alles behandeln und heilen, bei Bedarf verschlissene Körperteile austauschen zu können, wenn nur genug Geld und Tiere zur Verfügung stehen. Die Erfolge der Medizin sind jedoch, besonders bei den Zivilisationskrankheiten, oft erschreckend gering. Diese werden bekanntermaßen zu einem Großteil durch uns selbst und unsere Umwelt beeinflusst oder sogar verursacht. Ein Drittel aller Krebsfälle sind auf Zigarettenrauchen zurückzuführen, ein Drittel auf ungesunde Ernährung[37]. Weitere Auslöser sind Alkohol, zu intensive Sonneneinstrahlung und Umweltgifte. Rauchen, fleisch- und fettreiche Ernährung, Übergewicht, Bewegungsmangel und Stress sind Risikofaktoren für Herz- und Kreislauf-Erkrankungen. Mehr als die Hälfte aller Schlaganfälle ließe sich durch vorbeugende Maßnahmen verhindern[44]. Auch andere Massenkrankheiten wie Rheuma, Allergien, Diabetes und AIDS sind zum großen Teil durch unsere Lebensweise beeinflusst.

Statt auf die Vermeidbarkeit von Krankheiten zu setzen, werden Gesunde und Patienten zu chronisch Kranken gemacht, die kostenintensiv beforscht und behandelt werden müssen. Nutznießer ist die Pharmaindustrie. Aufklärung der Bevölkerung und Übernahme von Verantwortung für die eigene Gesundheit sind weniger lukrativ und doch der einzige Weg aus der Sackgasse (siehe auch Frage 17).

49. Laufend werden von der pharmazeutischen Industrie tierexperimentell neue Medikamente entwickelt. Sind diese Medikamente nicht absolut notwendig?

Die Weltgesundheitsorganisation (WHO) hält nur etwa 325 Wirksubstanzen für notwendig, um den Großteil der heute auftretenden Erkrankungen zu behandeln[45]. In der westlichen Welt wird diese Anzahl um ein Vielfaches überschritten. Über 60.000 Arzneimittel bieten die deutschen Pharmaunternehmen an[46]. Diese ungeheure Zahl kommt einerseits durch zum Teil therapeutisch völlig unzweckmäßige Wirkstoffkombinationen zustande und andererseits dadurch, dass die meisten Wirkstoffe nicht nur doppelt und dreifach vorkommen, sondern gleich hundertfach. Von dem Antibiotikum Amoxicillin gibt es 201 Zubereitungen, vom Schmerzmittel Ibuprofen sind 394 Präparate auf dem Markt und vom Schleimlöser Acetylcystein gar 421, um nur einige Beispiele zu nennen[47].

Laufend kommen neue Medikamente auf den selbst für Ärzte bereits völlig unübersichtlichen Markt – in Deutschland rund 2.500 pro Jahr[47,48]. Die allermeisten Substanzen sind eher unter wirtschaftlichen Gesichtspunkten interessant, als dass sie einen therapeutischen Fortschritt bringen. Im Schnitt ist nur alle zwei Jahre eine echte Innovation dabei[49]. Dieses magere Ergebnis steht in krassem Gegensatz zu den üblichen Behauptungen der Verfechter der tierexperimentellen Forschung, die bei einem Stopp der Tierversuche den Untergang der Medizin mit katastrophalen Folgen für die medizinische Versorgung der Menschheit an die Wand malen. Die Arzneimittelflut füllt zwar die Taschen der Pharmakonzerne, trägt aber keineswegs zur Verbesserung der medizinischen Versorgung der Bevölkerung bei.

50. Wie kommt es, dass die pharmazeutischen Firmen so viel Geld mit Tierversuchen verdienen, wenn es gleichzeitig so teuer ist, sie durchzuführen?

Millionenbeträge werden in die Tierversuche gesteckt, Milliardenbeträge mit ihnen verdient. Ein Beispiel: Die Entwicklung eines neuen Medikamentes kostet rund eine Milliarde US-Dollar[39]. Der weltweite Jahresumsatz vom Schmerzmittel Vioxx lag bei Marktrücknahme im Jahr 2004 bei 2,5 Milliarden Dollar. Mit 91 Millionen verkauften Tagesdosen nahm es 2003 Rang 17 der meistverkauften Arzneimittel ein[41].

Solange nichts passiert, ist die Pharmabranche mehr als lohnend. Wenn dann doch etwas schiefgeht, braucht die pharmazeutische Industrie den Tierversuch als Alibi. Wenn getestete Medikamente und Präparate beim Einsatz in der Humanmedizin schwere gesundheitliche Schäden beim Menschen oder sogar dessen Tod verursachen, kann die betreffende Firma unter Hinweis auf die nach gesetzlichen Bestimmungen exakt durchgeführten Tierversuche die Verantwortung auf das »Restrisiko« schieben.

51. Wären denn Medikamente für Menschen sicher, wenn sie vorher nicht an Tieren getestet worden wären?

Ja, ohne Tierversuche wären Medikamente sogar sicherer, als sie es jetzt sind. Zunächst wollen wir uns anschauen, wie ein neues Medikament gefunden wird. Ein Beispiel: Am Anfang stehen rund 10.000 Substanzen. Diese werden mit Computersimulationen und In-vitro-Methoden durchforstet. Im Laufe von zwei Jahren kristallisieren sich etwa 250 interessante Substanzen heraus. Nun beginnen die Tierversuche. Schließlich bleiben etwa fünf aussichtsreiche Wirkstoffe übrig – aussichtsreich, weil sie im Tierexperiment positive Resultate liefern. An dieser Stelle hören wir dann in den Medien die Erfolgsmeldungen: »Durchbruch bei Krebs«, »Impfstoff gegen Alzheimer gefunden«, »AIDS-Kranke können hoffen« usw. So wird suggeriert, nur die Tierversuchs-Medizin könne uns vor all den furchtbaren Krankheiten retten.

In Wirklichkeit kann an dieser Stelle der Medikamentenentwicklung noch überhaupt keine Aussage darüber getroffen werden, wie der neue Stoff beim Menschen wirken wird. Wirkt er genauso wie im Tier? Wirkt er anders oder gar entgegengesetzt?

Viele sinnvolle Medikamente gelangen nie auf den Markt, weil sie aufgrund von irreführenden Tierversuchen vorzeitig aussortiert werden. Segensreiche Arzneien wie Aspirin, Ibuprofen, Insulin, Penicillin oder Phenobarbital wären uns vorenthalten geblieben, hätte man sich schon in früheren Zeiten auf den Tierversuch verlassen. Diese Stoffe rufen nämlich bei bestimmten Tierarten gravierende Schädigungen hervor. Sie wären bei der heutigen Vorgehensweise der Wirkstofffindung durchgefallen.

Die fünf aussichtsreichsten Substanzen gehen also in die klinische Prüfung (siehe auch Frage 53), d.h. sie werden am Menschen getestet. Hier zeigt sich oft, dass die Substanz doch nicht so wirksam ist wie bei der Maus oder sogar gefährliche Nebenwirkungen hat. Tatsächlich fallen 92 % der tierversuchsgeprüften potenziellen Wirkstoffe in der klinischen Phase durch, entweder wegen mangelnder Wirksamkeit oder wegen schwerwiegender unerwünschter Wirkungen[32].

So waren rund 500 Behandlungsmethoden für einen akuten Schlaganfall in einer Palette von Tierversuchen erfolgversprechend, beim Menschen zeigten sie allerdings gar keine Wirkung, bis auf zwei: Aspirin und der Blutverdünner Alteplase[51]. Als mögliche Ursachen für diese Fehlschläge werden in einer wissenschaftliche Studie der Universität Utrecht genannt: unzulängliche Tierversuchsdaten, überoptimistische Interpretation von Tierversuchsdaten, »Tiermodelle«, die nicht die menschliche Krankheit in genügendem Maße widerspiegeln, mangelhafte klinische Studien sowie die Tatsache, dass unerwünschte Ergebnisse aus Tierversuchen in der Schublade verschwinden, also vorwiegend geschönte Resultate veröffentlicht werden[51].

Zurück zum Werdegang eines Medikaments: Nach zwölf Jahren Entwicklungszeit landet maximal einer der ursprünglich 10.000 Stoffe in den Apotheken, und auch dies ist meist kein wirklicher Durchbruch. Von der in der Tierversuchsphase gepriesenen Wunderpille hört man nie wieder etwas.

Doch auch Medikamente, die es bis zur Marktreife schaffen, sind längst nicht sicher. Denn ob diese Substanz wirklich z. B. gegen Krebs wirksam ist und die Nebenwirkungen nicht vielleicht schlimmer sind als die Hauptwirkung, stellt sich erst in der längerfristigen Erprobung am Patienten heraus. Einer amerikanischen Studie zufolge wurden zwischen 1976 und 1985 die Hälfte aller zugelassenen Arzneien wegen erheblicher, oft tödlicher Nebenwirkungen entweder zurückgezogen oder mussten mit Warnungen versehen werden[52].

Substanzen mit besonders verheerenden Auswirkungen machen Schlagzeilen und werden aus dem Verkehr gezogen, wie das Rheumamittel Vioxx (Rofecoxib), das in einem der größten Arzneimittelskandale 2004 vom Markt genommen werden musste. Einer Studie der US-Arzneimittelbehörde FDA zufolge hatte es allein in den USA zu bis zu 140.000 Fällen schwerer Herzerkrankungen geführt[53].

Viel schlimmer sind jedoch die Arzneimittel, die trotz ihrer schädlichen Nebenwirkungen auf dem Markt bleiben. Allein in Deutschland müssen jährlich 210.000 Menschen wegen schwerer Nebenwirkungen im Krankenhaus behandelt werden. Davon sind 70.000 Erkrankungen akut lebensbedrohlich, und 16.000 verlaufen tödlich[54]. Einer anderen Studie zufolge sterben in Deutschland jedes Jahr sogar 58.000 Menschen an unerwünschten Wirkungen von Medikamenten[55]. Der Tierversuch macht Medikamente nicht sicher. Im Gegenteil, er bewirkt eine Scheinsicherheit, in der sich Pharmaindustrie, Ärzte und Patienten wiegen und die in Wirklichkeit nicht gegeben ist.

52. Können denn ohne Tierversuche überhaupt neue Medikamente gefunden werden?

Die Ergebnisse aus Tierversuchen lassen keine Aussage darüber zu, ob der Mensch auf eine Substanz in gleicher Weise, ähnlich, anders oder entgegengesetzt reagieren wird wie das Tier. Eine Übertragung auf den Menschen kann allenfalls als Spekulation bezeichnet werden. Das Arzneimittelrisiko könnte drastisch gesenkt werden, indem neue Wirkstoffe zunächst ausführlich mit relevanten und zuverlässigen tierversuchsfreien Tests, wie zum Beispiel Zellkulturen, kombiniert mit Computermethoden, geprüft und anschließend vorsichtig und unter strengster Kontrolle an freiwilligen Probanden und Patienten erprobt werden. Beides muss wesentlich sorgfältiger und gewissenhafter geschehen als bisher. (Siehe auch Frage 53.) Eine solche anspruchsvolle und qualitativ hochwertige Arzneimitteluntersuchung steht allerdings den merkantilen Interessen von Pharmakonzernen entgegen, die möglichst schnell und möglichst viel Umsatz mit einem neuen Mittel machen wollen (siehe Frage 47).

Allerdings brauchen wir nicht nur neue Wege in der Arzneimittelfindung, sondern in der gesamten Medizin. Die tierexperimentell ausgerichtete Medizin befindet sich in einer Sackgasse. Es werden Milliardensummen und Millionen Tierleben verforscht. Bestenfalls kommt nichts dabei heraus, schlimmstenfalls gefährliche Medikamente, die unzähligen Menschen die Gesundheit oder sogar das Leben kosten. Egal mit wie viel Aufwand die Pharmaindustrie forscht, Tierversuche tragen nicht zum medizinischen Fortschritt bei. Aus der Sackgasse Tierversuch kommen wir erst wieder heraus, wenn die Medizin auf eine am Menschen orientierte Forschung umschwenkt und die Prävention von Krankheiten in den Vordergrund stellt.

53. Sollten neue Medikamente denn gleich am Menschen ausprobiert werden?

Keineswegs! Wir fordern vielmehr, dass man aufhört, Menschen unkalkulierbaren Gefahren auszusetzen. Das Arzneimittelrecht schreibt vor, dass ein neues Medikament nach den Tierversuchen an Menschen getestet wird. Dies wird als Klinische Prüfung in vier Phasen bezeichnet:

> Man kann nicht nur auf Tierversuche verzichten, sondern man muss auf Tierversuche verzichten, um den medizinischen Fortschritt nicht aufzuhalten. Die heutige Auflehnung gegen Tierversuche hat keine tierschützerischen Ursachen mehr, wir müssen von einer wissenschaftlichen Auflehnung sprechen.
>
> *Prof. Dr. med. Pietro Croce (1920-2006), Facharzt für Mikrobiologie und Pathologie*

Phase I: Die Arznei wird an einer kleinen Anzahl von Freiwilligen – gegen Honorar – getestet.

Phase II: Das neue Medikament wird einer kleinen Gruppe von Erkrankten gegeben.

Phase III: Diese Stufe umfasst einige Tausend Patienten, wobei die eine Hälfte das neue Produkt erhält und die andere ein Scheinmedikament (Placebo).

Phase IV: Nach der Zulassung werden die behandelten Patienten systematisch beobachtet.

Dabei handelt es sich um Menschenversuche. Studien dieser Art sind nicht nur für den Teilnehmer riskant, sondern auch ethisch fragwürdig. In Phase I wird die Notlage der »freiwilligen Probanden«, oft einkommensschwache Menschen, ausgenutzt. Manche Probanden arbeiten für mehrere pharmazeutische Unternehmen gleichzeitig, so dass es zu Wechselwirkungen der eingenommenen Stoffe kommen kann. Zudem ist eine zuverlässige Einnahme der Medikamente durch die Probanden, die ja nur am Honorar interessiert sind, nicht garantiert, die Ergebnisse deswegen von vornherein in Frage zu stellen. Auch die Versuche der Phase II und III sind kritisch zu sehen. Oftmals werden Patienten ohne ihr Wissen in Studien eingebunden, oder sie werden nur unzureichend über die Risiken aufgeklärt. Die kranken Menschen erklären sich zu dem Test bereit, in dem Glauben, der Fortschritt der Medizin habe etwas Neues und damit Gutes hervorgebracht. Die neuen Medikamente sind jedoch aufgrund der zuvor durchgeführten Tierversuche keineswegs als sicher einzustufen. Immer wieder kommt es bei den Probanden, aber auch in den folgenden Phasen, zu unvorhergesehenen Zwischenfällen, zu schweren Schädigungen, mitunter sogar zu Todesfällen.

Ein besonders dramatischer Fall machte 2006 Schlagzeilen, als ein Medikamententest sechs jungen Männern fast das Leben kostete. Die Würzburger Firma TeGenero wollte mit dem monoklonalen Antikörper TGN1412 ein Allheilmittel gegen Erkrankungen wie Multiple Sklerose, rheumatische Arthritis und weitere Immunkrankheiten auf den Markt bringen. Tierversuche an Javaner- und Rhesusaffen, Kaninchen sowie Ratten ließen keine unerwünschten Nebenwirkungen vermuten. Die klinische Studie an sechs Probanden jedoch wirkte sich lebensbedrohlich aus. Noch Jahre später leiden sie an bleibenden Schäden. Ein Mann verlor einige Finger und Zehen. Bei den Testpersonen hatte der Wirkstoff, anstatt wie bei »Versuchs«tieren eine Hemmung des Immunsystems zu bewirken, eine überschießende Immunreaktion ausgelöst. In der Folge kam es binnen weniger Minuten zum Versagen aller wichtigen inneren Organe. Die sechs Probanden kämpften mehrere Tage lang auf der Intensivstation mit dem Tod.

Umfangreiche Sicherheitsvorkehrungen müssen vor der Marktzulassung eines neuen Medikamentes getroffen werden, um Arzneimittelkatastrophen zu verhindern. Als Erstes muss auf Tierversuche verzichtet werden, da sie keine relevante Methode darstellen, um die Reaktion eines kranken Menschen auf unbekannte Substanzen vorherzusehen. Die neuen Wirkstoffe sind zunächst ausführlich mit zuverlässigen In-vitro-Tests zu überprüfen. Die anschließende Erprobung an sorgsam ausgewählten, freiwilligen Personen muss erheblich vorsichtiger geschehen als bisher. Eine Möglichkeit ist das sogenannte Microdosing. Dabei werden Wirkstoffe an Probanden in so winzigen Mengen verabreicht, dass sie keinerlei Wirkung haben. Mit hochempfindlichen Messmethoden können aber trotzdem der Um- und Abbau in den Organen sowie Wechselwirkungen der Substanz detailgenau verfolgt werden (siehe auch Frage 70).

Auch die Studien mit vollständig informierten Patienten haben wesentlich langsamer und sorgfältiger zu erfolgen. Mögliche Risiken und Nebenwirkungen des neuen Stoffes müssen jahrelang in umfangreichen Studien beobachtet werden, bevor er auf den Markt kommt und damit massenhaft Verbreitung findet.

Der Gesetzgeber muss hierzu die erforderlichen Grundlagen schaffen. Nach der jetzigen Gesetzeslage ist der Mensch Versuchsobjekt, ohne um die Risiken, die für ihn aus Tierversuchen resultieren, zu wissen. Trotz bzw. gerade aufgrund eines umfangreichen Tierversuchssystems bleibt das Hauptrisiko bei der Entwicklung von Medikamenten letztendlich beim Patienten, da aus Tierversuchen oft Rückschlüsse mit fatalen Folgen für Menschen gezogen werden.

54. Aber zur Erforschung von AIDS brauchen wir doch unbedingt Tierversuche!?

In der tierexperimentellen Medizin werden Tiere künstlich krank gemacht, um dann potenzielle Wirkstoffe an ihnen zu testen. Bei AIDS klappt schon der erste Schritt nicht. Denn es gibt praktisch keine Tierart, welche die menschliche Form der Immunschwäche entwickelt. Nach jahrelangen erfolglosen Versuchen hat man Experimente an Schimpansen, die dem Menschen genetisch besonders nahestehen, aufgegeben, weil diese Tiere definitiv keine AIDS-Symptome bekommen. Bei Rhesusaffen und anderen Makaken verhält es sich zwar genauso, aber man kann sie mit SIV, dem Affen-AIDS-Erreger, infizieren. Affen-AIDS hat praktisch nichts mit dem menschlichen AIDS zu tun, und auch die Symptome sind anders, trotzdem müssen unzählige Primaten in aller Welt als Forschungsobjekte herhalten. Sie werden infiziert, isoliert, behandelt, geimpft, gequält und getötet. Herausgekommen ist dabei weder ein wirkungsvolles Heilmittel noch ein Impfstoff.

Weltweit sind seit Ausbruch Anfang der 80er Jahre mehr als 37 Millionen Menschen an AIDS gestorben. Im Jahr 2008 lebten über 33 Millionen Menschen mit dem AIDS-Virus, mehr als zwei Drittel davon in Afrika. 2,7 Millionen Menschen haben sich 2008 neu mit HIV angesteckt, zwei Millionen starben an den Folgen. In Deutschland leben zurzeit rund 63.000 Menschen mit einer HIV-Infektion[56].

Wichtige Fortschritte in der AIDS-Forschung beruhen nicht auf Tierversuchen, sondern auf Erkenntnissen aus der Infektions- und Seuchenlehre, auf der klinischen Beobachtung von Patienten und auf Studien mit Zellkulturen. Wesentliche Erkenntnisse zu Übertragungswegen, Struktur, Isolierung, Untersuchung und Bekämpfung des AIDS-Erregers wurden so ohne Tierversuche gewonnen.

So wurde der AIDS-Erreger schon 1984 aus betroffenen Patienten isoliert und mit mikroskopischen Techniken als Virus identifiziert. Die Entschlüsselung der molekularen Struktur des Virus machte es möglich, Substanzen zu seiner Bekämpfung zu entwickeln. Mithilfe eines molekularbiologischen Nachweises des HIV im Blut von Patienten konnte der Infektionsverlauf beim Menschen nachgewiesen werden[57]. Durch Beobachtung von Bevölkerungsgruppen (Epidemiologie) wurden die Übertragungswege der Krankheit aufgedeckt. Dieses Wissen führte zu präventiven Strategien. Fragen, warum bei manchen HIV-positiven Personen AIDS nicht ausbricht, welchen Einfluss Ernährung, Hygiene, Umwelt, Drogenkonsum, Sexualverhalten und die psychische Verfassung auf Infektion, Ausbruch und Verlauf der Erkrankung haben, konnten nur anhand solcher Patientenstudien ergründet werden[58].

Neue Medikamente lassen sich am besten an menschlichen Zellkulturen testen. In einer Studie wurden beispielsweise Substanzen untersucht, die das HIV schon beim Geschlechtsakt abtöten können. Dazu wurden kleine Hautproben von Freiwilligen verwendet[59]. Andere Untersuchungen erfolgten an Nabelschnurblut oder an Mandeln und Lymphknoten, die bei medizinisch notwendigen Operationen entfernt worden waren[60].

Die tierexperimentelle Forschung konnte die Seuche bislang nicht besiegen, und ein Durchbruch ist auch in Zukunft nicht zu erwarten. Statt weiter Tiere zu quälen und zu töten, bedarf es neben einer Intensivierung der tierversuchsfreien Forschung einer flächendeckenden Aufklärung über die Schutzmöglichkeiten. Dies ist besonders in den stark betroffenen Entwicklungsländern, wo sich die meisten Menschen teure Pharmaprodukte auch gar nicht leisten können, nicht nur die bessere, sondern die einzige Chance.

55. Bei der Bekämpfung von Krebs kann man doch unmöglich auf Tierversuche verzichten!

Krebs ist ein typisches Beispiel für die chronische Erfolglosigkeit der tierexperimentell orientierten Medizin. Wie kaum in einem anderen Bereich wurde über Jahrzehnte mit einem ungeheuren Aufwand geforscht. Interferon, Immunmodulatoren, Chemotherapie galten als Wunderwaffe gegen den Krebs – manche erwiesen sich als wertlos, andere als nebenwirkungsträchtig. Es mag unbestreitbar bei einigen Krebsarten gewisse Behandlungserfolge geben. Doch die Gesamtbilanz ist angesichts der Milliardeninvestitionen und der Abermillionen Tieropfer mehr als ernüchternd.

Von einer wirklichen Heilung kann kaum gesprochen werden. Hunderttausende von Substanzen wurden und werden an Millionen von »Krebsmäusen« getestet. Bei diesen Tieren wird das Erbgut so verändert, dass sie frühzeitig Tumoren entwickeln. Viele Stoffe wirkten bei den Nagern, beim Menschen versagten sie alle. So wird in einem Artikel in der »Times« Dr. Richard Klausner, Direktor des amerikanischen Krebsinstitutes (National Cancer Institute), zitiert: »Die Geschichte der Krebsforschung ist die Geschichte, wie man Krebs bei Mäusen heilt. Seit Jahrzehnten heilen wir Krebs bei Mäusen, aber beim Menschen klappt es einfach nicht.«[61]

Krebs ist heute mit rund 25 % die zweithäufigste Todesursache in der westlichen Welt. Seit den 30er Jahren steigt die Krebsrate unaufhörlich an. Die Anzahl der an Krebs verstorbenen Menschen lag 1952 in den alten Bundesländern noch bei rund 90 000[62]. Heute erkranken in Deutschland jährlich rund 340.000 Menschen an Krebs; etwa 210.000 sterben an den

> Die Geschichte der Krebsforschung ist die Geschichte, wie man Krebs bei Mäusen heilt. Seit Jahrzehnten heilen wir Krebs bei Mäusen, aber beim Menschen klappt es einfach nicht.
>
> *Dr. Richard Klausner, Direktor des American National Cancer Institute, 1998*

Krankheitsfolgen[62]. Epidemiologische Studien haben ergeben, dass trotz aller angeblichen Fortschritte Patienten mit metastasiertem Darm-, Brust-, Lungen- oder Prostatakrebs heute nicht länger leben als vor 25 Jahren[63].

Die tierexperimentelle Krebsforschung geht davon aus, dass die Entstehung von Krebs durch einen bestimmten Faktor ausgelöst wird, z. B. einen Gendefekt oder eine krebserregende Substanz. Tatsächlich handelt es sich aber um ein ganzes Ursachengeflecht. Diese Vielfalt der möglichen Ursachen und ihrer Kombinationen können im »Tiermodell« niemals nachgeahmt werden. Zu den auslösenden Faktoren einer krebsartigen Entartung von Zellen – das wissen wir heute – gehören Rauchen, fleischreiche Ernährung, Alkohol, zu intensive Sonneneinstrahlung, Umweltgifte sowie eine familiäre Veranlagung. Um endlich wirkliche Fortschritte in diesem Bereich zu erzielen, darf nicht länger an Tieren herumexperimentiert werden, sondern muss die Verhinderung der Entstehung von Krebs in den Mittelpunkt rücken.

56. Gegen so viele Krankheiten gibt es erst wenige bzw. keine Medikamente. Muss hier nicht tierexperimentell weitergeforscht werden?

Tatsächlich sind heute bis zu 80 % aller Krankheiten nicht ausreichend behandelbar. Doch Tierversuche können die Situation nicht verbessern. Die tierexperimentell ausgerichtete Medizin geht nämlich von der naiven Annahme aus, man könne komplexe Krankheiten in einem simplen sogenannten Tiermodell nachahmen. Anhand dieser Modelle sollen neue Therapiemethoden erforscht werden. Beispielsweise werden Bakterien oder Chemikalien in die Pfoten von Ratten gespritzt. Die Tiere bekommen eine schmerzhafte Gelenkentzündung, was dem menschlichen Rheuma gleichen soll. Bei unbetäubten Hunden wird eine Schlinge um eine Herzkranzarterie zugezogen, um einen Herzinfarkt zu bewirken. Krebs wird bei Mäusen durch Genmanipulation oder Injektion von Krebszellen hervorgerufen. Diabetes wird bei Ratten durch Injektion eines Giftes, das die Insulin produzierenden Zellen der Bauchspeicheldrüse zerstört, bewirkt. Die künstlich krank gemachten Tiere haben außer ein paar Symptomen nichts mit erkrankten Menschen gemein. Deren Krankheiten haben vollkommen andere Ursachen.

Die medizinische Forschung versucht in tierexperimentellen »Modellen« menschliche Krankheiten zu simulieren, um dann diese künstlichen Defekte irgendwie wieder zu beheben. Die tatsächlichen Hintergründe der sogenannten Zivilisationskrankheiten werden dabei überhaupt nicht berücksichtigt. Dabei wird immer klarer, dass eine prinzipielle Änderung unserer Lebensgewohnheiten langfristig viel effektiver und volkswirtschaftlich billiger wäre als die vielen medikamentösen und chirurgischen Behandlungen. Krebs und Herz-Kreislauf-Erkrankungen, aber auch viele andere Krankheiten sind zu einem erheblichen Teil durch Faktoren wie Rauchen, Alkohol, Bewegungsmangel, Stress und fett- und fleischreiche Ernährung verursacht oder zumindest mitbedingt. Rund ein Drittel aller Krebsfälle in der westlichen Welt geht auf das Konto der Ernährung. Diverse Studien mit Tausenden von Vegetariern und fleischessenden Kontrollpersonen haben eindeutig gezeigt, dass Vegetarier gegenüber Fleischessern ein deutlich niedrigeres Krebsrisiko haben[64]. Ein Medikament, welches die Zahl der Krebsfälle so massiv reduzieren könnte wie die vegetarische Ernährung, wäre nobelpreisverdächtig.

Ein weiteres Drittel aller Krebs-Todesfälle steht mit dem Zigarettenrauchen in Verbindung. Inzwischen ist gesichert, dass nicht nur Lungenkrebs, sondern auch Kehlkopfkrebs, Karzinome von Mund, Speiseröhre und Bauchspeicheldrüse, Tumoren der Harnblase, der Nieren und der Gebärmutter durch das Rauchen begünstigt werden.

Prof. Dr. Friedrich W. Schwartz, Direktor der Abteilung für Epidemiologie, Sozialmedizin und Gesundheitsforschung der Medizinischen Hochschule Hannover, fordert, statt der bisherigen Konzentration auf eine Reparatur-Medizin den Gedanken der Prävention in den Mittelpunkt zu stellen: »Man hat sich bei uns jahrzehntelang darauf konzentriert, den Leuten einzureden, dass es für jedes Gesundheitsproblem und jede Krankheit eine Reparaturmöglichkeit gibt, was definitiv nicht stimmt.«[26]

Es ist ein grundlegender Irrtum, dass wir die Folgen unserer Lebensweise beim Tier als Krankheit reproduzieren könnten, um sie dann mit chemischen Mitteln wieder zu beseitigen. Der Versuch, die modernen Massenkrankheiten an Tieren zu erforschen, hat sich als zum Scheitern verurteilt erwiesen. Nur eine prinzipielle Änderung unserer Lebensgewohnheiten kann zu einem nachhaltigen Rückgang der Zivilisationskrankheiten führen.

Die derzeitige Situation in der Medizin ist vergleichbar damit, dass man immer mehr Reparaturwerkstätten und Krankenhäuser an einer Straße bauen würde, an der viele Unfälle passieren, anstatt die Strecke durch Warnschilder und Ausbau sicherer zu machen! Was wäre wohl besser?

57. Wird die Gentechnik nicht helfen, unsere Krankheiten zu besiegen?

Die Gentechnik wird seit einiger Zeit als Rettung vor allem Übel dieser Welt gepriesen. Hunger, Armut, das Altern und natürlich Krankheiten sollen mit ihrer Hilfe besiegt werden. Aufgrund bloßer Heilsversprechen werden enorme finanzielle Mittel bereit gestellt. Mehr noch als in anderen Forschungszweigen geht es hier um Geld, sehr viel Geld. Doch trotz Milliardeninvestitionen und Abermillionen an Tieren, die der Gentechnik zum Opfer gefallen sind, ist die Bilanz bisher mehr als ernüchternd. Das Erbgut von Tieren wird so manipuliert, dass menschliche Krankheiten nachgeahmt werden sollen, um daran neue Therapiemöglichkeiten zu testen. Doch die gentechnischen Veränderungen führen meist nicht zu den gewünschten Eigenschaften. Das Resultat sind oft schrecklich missgebildete Tiere. Dieser »Ausschuss«, der 90 bis 99 % aller Tiere betragen kann, wird als Abfall entsorgt[2]. Wenn es dann irgendwann doch gelingt, eine bestimmte menschliche Krankheit bei Tieren zu erzeugen, z. B. Krebs, so wird das bereits als Erfolg der Gentechnik gefeiert. Ob daraus jemals eine geeignete Therapie für den Menschen entsteht, interessiert dabei nicht. So sind denn auch die Erfolge in der Krebsforschung der letzten 30 Jahre, gemessen am Forschungsaufwand, sehr gering. Unberücksichtigt bleibt nämlich, dass selbst genetische Veranlagungen für bestimmte Krankheiten nicht zu deren Ausbruch führen müssen. Vielmehr haben psychische Faktoren, Stress, Ernährung usw. einen wesentlichen Einfluss auf den Verlauf einer Erkrankung. Die Gentechnik ist sogar als gefährlich anzusehen, weil die Risiken für den Gesamtorganismus, die durch den Einsatz gentechnischer Verfahren entstehen, nicht abschätzbar sind.

58. Sind beim Erlernen und Erforschen von chirurgischen Eingriffen Tierversuche nötig?

Fälschlicherweise wird oft davon ausgegangen, dass Humanmedizinstudenten in ihrem Studium chirurgische Eingriffe an Tieren üben. Dies ist normalerweise gar nicht der Fall. Ein Humanchirurg erlernt sein »Handwerk« zunächst durch Präparations- und Operationsübungen an der Leiche, dann durch Zuschauen und Assistieren bei erfahrenen Operateuren und schließlich bei der eigenen Durchführung operativer Eingriffe unter der kundigen Anleitung und Assistenz durch seinen Chef- oder Oberarzt. Diese klassische Form der chirurgisch-operativen Ausbildung ist unbestritten die effektivste. Möchten Sie sich etwa Ihren Blinddarm von einem Chirurgen entfernen lassen, der vorher an einem Hund, einer Ratte oder einem Schwein geübt hat?!

Tierversuche in der Chirurgie finden normalerweise zu anderen Zwecken statt. So werden Hunde, Schweine, Schafe, Ratten und andere Tiere hauptsächlich zum Erlernen neuer Techniken und in der Forschung verwendet. Neben erheblichen ethisch-moralischen Bedenken sprechen vor allem anatomische Unterschiede zwischen Mensch und Tier gegen eine Verwendung von Tieren in der Chirurgie.

Neuere Techniken, wie z.B. endoskopische Operationsverfahren, können hervorragend an Simulatoren, die mit Organen toter Lebewesen bestückt werden (»Basistraining«, z.B. Gallenblasenoperationen, Blinddarmoperation, Darmnähte u.ä.), geübt werden. Neuerdings gibt es sogar computergesteuerte interaktive Operationssimulatoren, ähnlich wie Flugsimulatoren bei der Pilotenausbildung. Bei diesen Übungen kommt es nicht auf anatomische Genauigkeit an, sondern auf das Einüben manueller Fertigkeiten (»Fingertraining«). Entsprechende Kurse für Chirurgen werden mittlerweile an zahlreichen klinischen Zentren angeboten.

Auch bei der Erprobung neuer chirurgischer Techniken oder Implantate sind Tierversuche oft geradezu kontraproduktiv. Sie vermitteln – ähnlich wie in der Pharmakologie – eine gefährlich falsche Sicherheit. In der Orthopädie bzw. Unfallchirurgie werden z. B. Schafe oder Hunde zur Erprobung von Bandscheibenprothesen, Wirbelkörper-Ersatzoperationen oder Kreuzbandplastiken am Kniegelenk verwendet. Die biomedizinische Belastung und das Zusammenspiel von Knochen, Gelenken, Bändern, Muskeln und Sehnen sind jedoch beim Vierfüßergang mit waagerechter Wirbelsäulenhaltung völlig anders als beim Menschen. Auch verhalten sich die knöchernen Heilungsvorgänge bei Mensch und Tier z.T. sehr unterschiedlich. Statt bei der kritiklosen Übertragung von Daten aus Tierversuchen ein unkalkulierbares Risiko in Kauf zu nehmen, kann z. B. ein Gelenkersatz oder die Stabilität einer unfallchirurgischen Wiederherstellung nach Knochenbrüchen mit Implantaten (z. B. Schrauben, Platten, Nägeln) an Leichenknochen bei Dauerbelastungsprüfungen im Labor oder durch Computersimulation hervorragend getestet werden. Dies betrifft auch Materialzusammensetzung, statische Form und zweckmäßige Herstellung. Die Verträglichkeit der meisten verwendeten Materialien ist ohnehin gut bekannt oder kann anhand von menschlichen Zellkulturen überprüft werden.

Unterschiede, die eine aussagekräftige Erprobung am Tier somit gar nicht zulassen, betreffen in gleicher Weise Blutgefäßprothesen oder künstliche Herzklappen. Angefangen bei der höchst unterschiedlichen Herzschlagfrequenz und Kreislaufsituation bis hin zu der nicht vergleichbaren Lebenserwartung der meisten Tiere mit der des Menschen sind diese Versuche nicht nur überflüssig, sondern auch wissenschaftlich unsinnig.

Kosmetik, Chemie, Militär, Studium, Tiermedizin

59. Sind Tierversuche in der Kosmetik nicht verboten?

Obwohl Tierversuche für Kosmetika und Waschmittel in Deutschland und der EU verboten sind, müssen immer noch unzählige Tiere für Lippenstift und Hautcreme leiden und sterben. Die Verbote gelten nämlich nur für die Endprodukte sowie für Inhaltsstoffe, die ausschließlich in Kosmetika Verwendung finden. Dies trifft aber auf nur etwa 10 % der Stoffe zu. Der größte Teil der Substanzen wird nach den Vorgaben des Chemikaliengesetzes an Tieren getestet, weil er auch bei der Herstellung chemischer Produkte oder Materialien verwendet wird.

Die Kosmetik-Tierversuche ließen sich leicht vermeiden, indem auf altbewährte Stoffe, von denen es bereits Tausende gibt, zurückgegriffen würde. Doch der Industrie geht es darum, Modetrends zu folgen oder den Konsumenten mit vorgeblichen Neuheiten zu locken: Die neuen Sommerfarben der Lidschatten-Kollektion, das Shampoo mit der garantierten Anti-Schuppenformel oder das ultrafeste Haargel erhöhen den Absatz. Für das Profitstreben der Konzerne werden also immer neue Kosmetika und Körperpflegemittel auf den Markt gebracht; Produkte, die niemand braucht und die unzählige Tiere mit ihrem Leben bezahlen müssen, denn die neuen Wirkstoffe werden in der Regel im Tierversuch getestet.

Als Grund für die Durchführung von Tierversuchen gibt die kosmetische Industrie die Verbrauchersicherheit an. Angeblich können nur Tierversuche die Unbedenklichkeit der Kosmetika garantieren und vor möglichen Schäden durch ein neues Produkt schützen. Doch hat sich in der Vergangenheit immer wieder gezeigt, dass Tierversuche niemals eine Gewähr dafür bieten, ein sicheres Produkt in den Händen zu halten. Tierversuche dienen nicht der Sicherheit des Verbrauchers – sie haben lediglich eine Alibifunktion.

Seit 1993 wurde versucht, auf Europaebene eine gesetzliche Regelung zu finden. Doch das längst überfällige Verbot der Kosmetik-Tierversuche und der Einfuhr tierversuchsgetesteter Kosmetika wurden wieder und wieder hinausgeschoben. Nach jahrelangem Tauziehen und harter Öffentlichkeits- und Lobbyarbeit durch die Tierschutz- und Tierversuchsgegnerverbände trat die Kosmetikrichtlinie (Richtlinie 2003/15/EC) 2003 in Kraft. Ihr zufolge besteht seit 2004 ein EU-weites Verbot von Tierversuchen für kosmetische Fertigprodukte. Seit 2009 ist es verboten, an Tieren getestete Kosmetikprodukte und Rohstoffe in der EU zu verkaufen – mit Ausnahme von drei Tierversuchen (Giftigkeit bei wiederholter Gabe, Reproduktions-Giftigkeit (Giftigkeit für das ungeborene Leben), Toxikokinetik (Aufnahme, Verteilung, Verstoffwechslung und Ausscheidung einer Substanz)), die bis 2013 noch durchgeführt werden dürfen. Dieser letzte Termin soll nach dem Willen der EU möglicherweise noch weiter nach hinten verschoben werden. Solange die Verbote noch nicht endgültig in Kraft sind, sollten Verbraucher auf garantiert nicht am Tier getestete Produkte zurückgreifen.

Zu empfehlen sind

– die Positivliste des Deutschen Tierschutzbundes e.V., in der Firmen aufgeführt sind, die keine Tierversuche durchführen und nur Inhaltsstoffe verwenden, die seit 1979 nicht mehr im Tierversuch getestet wurden. www.tierschutzbund.de

– der Humane Cosmetic Standard (HCS), ein in Europa und den USA verbreitetes Siegel der Europäischen Koalition zur Beendigung von Tierversuchen (ECEAE). Weder Inhaltsstoffe noch Endprodukte dürfen ab einem vom Hersteller festgelegten, fixen Stichtag in Tierversuchen getestet worden sein. Die Angaben der Firmen werden durch unabhängige Kontrollinstanzen regelmäßig überprüft. www.gocrueltyfree.org

60. Werden der berüchtigte LD50-Test und der Draize-Test immer noch durchgeführt?

Der LD50-Test wird auch als die grausamste Formel der Welt bezeichnet. Substanzen wie Chemikalien, Medikamente oder Putzmittel sollen so auf ihre akute Giftigkeit getestet werden. Der Teststoff wird in verschiedenen Konzentrationen meist Ratten oder Mäusen, aber auch Hunden oder Affen per Magensonde verabreicht. Je nach Menge des verabreichten Giftes winden sich die Tiere stunden- oder gar tagelang in Krämpfen, sie leiden an Durchfall, Fieber, Schüttelfrost oder Lähmungen. Die Tiergruppe mit der höchsten Dosierung stirbt zuerst, während die Tiere, die eine niedrigere Dosis erhalten haben, langsamer sterben. Es wird nun diejenige Menge einer Substanz ermittelt, bei der genau die Hälfte der Tiere stirbt (LD50 = tödliche Dosis bei 50 % der Tiere). Dieser Wert wird mit einer fiktiven Zahl multipliziert, um einen Grenzwert zu erhalten, der für den Menschen als sicher angesehen wird. Dieser Test ist nicht nur äußerst grausam, sondern auch völlig unbrauchbar, weil willkürlich, denn man kann auf diese Weise überhaupt nicht abschätzen, ob ein Stoff für den Menschen giftig ist oder nicht. Aufnahme, Verarbeitung und Ausscheidung von Substanzen sind von Tierart zu Tierart vollkommen unterschiedlich.

Eine einfache Gegenüberstellung von LD50-Werten bei verschiedenen Tierarten und dokumentierten Vergiftungsfällen beim Menschen verdeutlicht, wie stark sich die tödlichen Dosen voneinander unterscheiden. Zwei Beispiele: Ethylenglykol, ein Stoff, der als Frostschutzmittel und in Bremsflüssigkeiten Verwendung findet, wirkt bei der Maus in einer Konzentration von 7.500 mg/kg Körpergewicht tödlich. Bei der Katze liegt die LD50-Dosis bei nur 1.650 mg/kg Körpergewicht. Für den Menschen wurde daraus ein Wert von 398 mg/kg errechnet. Aus dokumentierten Vergiftungsfällen beim Menschen muss geschlossen werden, dass eine klinische Behandlung aber bereits ab einer Menge von mehr als 100 mg/kg erforderlich ist[65].

Beim Phenol, das in Kunstharzen vorkommt, reagieren Kaninchen und Hunde am unempfindlichsten. Katzen sterben jedoch schon bei geringen Dosen. Für Menschen ist Phenol

> Trotz einer unübersehbaren Fülle von tiertoxikologischen Daten ist es auch dem erfahrenen Toxikologen nicht möglich, Erkenntnisse aus Tierversuchen plausibel auf den Menschen zu übertragen, da z.B.:
> - die LD50-Werte oft stark artenspezifisch sind und meist über Zehnerpotenzen streuen,
> - erste auftretende, evtl. giftspezifische Symptome am Tier nicht registriert,
> - ausschließlich finale, unspezifische Symptome dokumentiert,
> - Tiere im allgemeinen nicht behandelt und
> - mögliche Spätschäden nicht erfasst werden.
>
> *Dr. Axel Hahn, Leiter der Erfassungsstelle für Vergiftungen im Bundesinstitut für Risikobewertung, Berlin, 1996*

auch giftig, jedoch haben Erwachsene Phenolvergiftungen schon in viel höheren Konzentrationen überlebt als solche, die eine Katze getötet hätten[65].

Niemand kann nach einem Tierversuch voraussagen, ob der Mensch genauso, ähnlich oder entgegengesetzt wie ein Tier reagieren wird.

Im Jahr 1995 wurde der sogenannte approximative LD50-Test in die deutschen Arzneimittelprüfrichtlinien aufgenommen. Er beruht auf dem gleichen Prinzip wie der klassische Test, benötigt aber etwas weniger Tiere, da nicht die exakte, sondern nur die ungefähre Dosis ermittelt wird, bei der die Hälfte der Tiere stirbt. Ebenso wurden auf globaler Ebene in den Richtlinien der Organisation für wirtschaftliche Zusammenarbeit (OECD) drei LD50-Testmethoden mit reduzierter Tierzahl anerkannt. Doch eine grausame und falsche Methode wird nicht besser, indem ein paar Tiere weniger gequält werden.

Bei der Testung des Faltenglätters Botox wird für jede einzelne Produktionseinheit sogar noch der herkömmliche LD50-Test durchgeführt. (Siehe Frage 61.)

Zur Prüfung der augen- und schleimhautschädigenden Wirkung von Chemikalien, Haushaltsprodukten und Kosmetika wird der sogenannte Draize-Test durchgeführt. Dieser bereits 1944 entwickelte, nach seinem Erfinder benannte Test hat sich als internationale Standardmethode etabliert. Das Testmaterial wird dabei Kaninchen in den Bindehautsack eines Auges geträufelt. Anschließend werden die entstandenen Schäden protokolliert und nach einem Punktesystem bewertet. Je nach Substanz können dies Rötungen und Entzündungen bis hin zu Verätzungen des Auges sein.

Der Test ist nicht nur äußerst qualvoll, sondern zudem für seine extreme Unzuverlässigkeit bekannt. Bereits in den 1970er Jahren wurde nachgewiesen, dass die Testergebnisse für ein und dieselbe Substanz von Labor zu Labor gravierenden Schwankungen unterliegen, d.h. der Test weist eine schlechte Reproduzierbarkeit auf[66]. Außerdem zeigen Menschen und Kaninchen unterschiedliche Empfindlichkeit hinsichtlich der zu prüfenden Stoffe, d.h. die Ergebnisse aus dem Draize-Test lassen sich nicht auf die Situation beim Menschen übertragen. Obwohl der Test für die Verbrauchersicherheit völlig wertlos ist und längst zahlreiche qualitativ hochwertige In-vitro-Methoden entwickelt wurden, wird weiterhin an der unsinnigen Tierversuchsmethode festgehalten.

61. Wieso werden für das Antifaltenmittel Botox qualvolle Tierversuche durchgeführt, obwohl Kosmetik-Tierversuche verboten sind?

»Botox« ist ein Handelsname für ein Produkt, das aus dem hochgefährlichen Bakteriengift Botulinumtoxin hergestellt wird. Die Substanz wird zur Behandlung einiger Nervenkrankheiten eingesetzt, hat sich zunehmend aber auch für kosmetische Zwecke als lukrativ erwiesen. Das Nervengift lähmt die Gesichtsmuskeln, dadurch erscheint die ehemals faltige Haut darüber geglättet. Die Faltenglättung mit Botox ist weltweit groß in Mode. Innerhalb weniger Jahre hat sich das Mittel zu einem Riesengeschäft entwickelt – Tendenz weiter rapide steigend.

Abgesehen von der Frage, warum sich Menschen auf der Suche nach dem ewigen Jungbrunnen eine hochgiftige Substanz ins Gesicht spritzen lassen, handelt es sich hier um ein gravierendes Tierschutzproblem. Jede einzelne Produktionseinheit (Charge) wird auf ihre Giftigkeit getestet. Die Testsubstanz wird Mäusen in die Bauchhöhle gespritzt. Der Todeskampf mit Krämpfen, Lähmungen, Atemnot kann drei bis vier Tage dauern. Die Tiere ersticken schließlich qualvoll, weil die Atemmuskulatur gelähmt wird. Ermittelt wird die Dosis, bei der die Hälfte der Tiere stirbt (sogenannter LD50-Test). Überlebende Mäuse werden durch Kohlendioxid oder Genickbruch getötet. Mindestens 100 Mäuse werden für jede Produktionseinheit zu Tode gequält, weltweit sind es derzeit jedes Jahr mindestens 600.000 Mäuse[67]. Je mehr Botox verwendet wird, desto mehr Mäuse müssen leiden und sterben.

Botulinumtoxin-Produkte sind als Medikamente zugelassen, weswegen das seit 2004 in der EU gültige Tierversuchsverbot für Kosmetika nicht greift. Außerdem gelten sie nicht als Kosmetika, weil sie injiziert und nicht bloß aufgetragen werden. Beim Einsatz für faltenfreie Haut bedienen sich Ärzte des sogenannten Off-Label-Gebrauchs, d.h. für bestimmte medizinische Indikationen zugelassene Medikamente werden zweckentfremdet. Patienten müssen dabei eine Erklärung unterschreiben, dass sie mit einem nicht für die Faltenbehandlung zugelassenem Mittel auf eigenes Risiko behandelt werden. In Deutschland sind Vistabel, Azzalure und Bocouture für die Behandlung der Falte zwischen den Augenbrauen zugelassen. Alle anderen kosmetischen Anwendungen erfolgen »off-label«.

Nur drei Konzerne teilen sich den größten Teil des enormen globalen Profits untereinander auf: Die amerikanische Firma Allergan (Botox, Botox Cosmetics, Vistabel), Ipsen aus Großbritannien (Dysport sowie Azzalure, das durch die Firma Galderma vertrieben wird) und Merz mit Sitz in Frankfurt/M. (Xeomin, Bocouture). Die Firma Merz lässt ihre Produkte vom Hamburger Auftragslabor LPT testen. Allein für diese Präparate werden jedes Jahr 34.000 Mäuse qualvoll getötet[67, 68].

Das Europäische Arzneibuch erlaubt neben dem LD50-Test auch drei alternative Verfahren, wenn diese validiert sind, d.h. wenn ihre Tauglichkeit belegt wurde. Hierfür müssen die Methoden vergleichbare Ergebnisse wie der LD50-Test hervorbringen. Zur Erinnerung: Die Tauglichkeit des LD50-Tests wurde indes nie belegt. Zahlreiche tierversuchsfreie Testmethoden zur Botox-Testung wurden bereits entwickelt, werden aber nicht eingesetzt. Denn es bleibt den Herstellern überlassen, ob und wann sie tierversuchsfreie Methoden validieren und einsetzen. Die Konzerne machen gigantische Umsätze mit ihren Produkten, kommen aber bei der Validierung tierversuchsfreier Methoden nicht voran. Ein Verbot für die kosmetische Anwendung von Botulinumtoxin-Produkten würde den Firmen die nötige Motivation verschaffen, solange keine tierversuchsfreien Methoden validiert und anerkannt sind.

62. Ist die chemische Industrie gezwungen, zur Herstellung neuer Produkte Tierversuche zu machen?

Ob in Textilien, Lebensmitteln, Kunststoffen, Farben, Putzmitteln, Klebstoffen – Chemikalien sind aus unserem Leben nicht wegzudenken. Das Chemikaliengesetz schreibt für die Neuzulassung von Produkten eine Reihe von Tierversuchen vor. Verbraucher und Industriearbeiter sollen so vor schädlichen Auswirkungen der Stoffe geschützt werden. Doch Tierversuche bieten keinen Schutz vor giftigen Substanzen – im Gegenteil. Irreführende Tierversuchsergebnisse haben immer wieder dazu geführt, dass die Gefährlichkeit von Stoffen nicht oder zu spät erkannt wurde. Ein Beispiel:

Jahrzehntelang wurden krebserregende Eigenschaften von Asbest verleugnet, weil Ratten den Stoff wesentlich besser tolerieren als der Mensch. In einer Studie wurde festgestellt, dass Menschen gegenüber Asbest 300-mal empfindlicher sind als Ratten. In einer anderen Untersuchung mussten Ratten eine 100-fach höhere Konzentration Asbest als Asbestarbeiter einatmen, um Lungenkrebs zu bekommen, und sogar eine 1000-fach höhere, um Krebs des Bauch- und Brustfells zu entwickeln. Hamster sind gegenüber Asbest sogar noch unempfindlicher[69]. Die krebsauslösende Wirkung von Asbest wurde schließlich durch Humanstudien, vor allem im Bereich der Arbeitsmedizin, aufgedeckt. Hätte man sich weiter auf die Tierversuchsergebnisse verlassen, wären die gesundheitsgefährdenden Eigenschaften von Asbest möglicherweise bis heute unentdeckt geblieben.

Dass Tierversuche für die Neuzulassung von Chemikalien (noch) gesetzlich vorgeschrieben sind, ist jedoch kein Rechtfertigungsgrund für ihre Durchführung. Gesetze können und müssen entsprechend dem wissenschaftlichen Stand und der gesellschaftlichen Werte angepasst werden. Dieser Prozess ist allerdings äußerst träge, da er durch mächtige Lobbyinteressen beeinflusst wird. Moderne tierversuchsfreie Methoden haben es weitaus schwerer, in Gesetze aufgenommen zu werden, als Tierversuche (siehe dazu Fragen 14 und 75).

63. Sind Tierversuche zumindest wichtig, um Natur und Umwelt vor schädlichen Stoffen zu schützen?

Tierversuche sind auch deshalb so beliebt, weil man mit ihnen beweisen oder widerlegen kann, was man will. Je nach Auftraggeber können bei gleicher Fragestellung völlig unterschiedliche Ergebnisse herauskommen. Beispielsweise wurde »bewiesen«, dass Tabakrauch krebserregend oder auch nicht krebserregend ist. Wie zu erwarten, kam zu letzterem Ergebnis eine von der Tabakindustrie in Auftrag gegebene Studie. Nach dem gleichen Muster kann es passieren, dass giftige Chemikalien, die wegen ihrer erwiesenen Schädlichkeit längst verboten werden müssten, weiterhin auf dem Markt bleiben. Ein weiteres Beispiel: Formaldehyd bewirkt bei Ratten Krebs des Nasenrachenraums. Auf Druck der Herstellerlobby wurde dieser Tierversuch zunächst als nicht auf den Menschen übertragbar eingestuft und Formaldehyd lange Zeit nur als »wahrscheinlich krebserregend« behandelt. Erst im Jahr 2004 erfolgte die Klassifizierung als »krebserregend«. Ausschlaggebend hierfür waren epidemiologische (Bevölkerungs-) Studien[70].

Letztendlich wird der Tierversuch von der Industrie als Alibi benutzt, um weiterhin ungestört Millionen Tonnen schädlicher Stoffe produzieren zu können, die Wasser, Luft, Boden, Pflanzen und Lebensmittel verseuchen. Anstatt sich auf irreführende Tierversuche zu verlassen, sollten strenge Umweltkontrollen durchgeführt und Wasser, Boden, Pflanzen sowie menschliche und tierische Gewebe mit zeitgemäßen analytischen Methoden auf chemische Substanzen untersucht werden. Bei geringsten Anzeichen von Giftigkeit müssen diese Substanzen sofort aus dem Verkehr gezogen werden.

64. Was hat es mit dem EU-Chemikalien-Programm REACH auf sich?

Die EU will Tausende alte, seit Jahrzehnten auf dem Markt befindliche Chemikalien – von Terpentin bis Textilfarbe, von Maschinenöl bis Kunststoff – auf ihre Giftigkeit überprüfen, und zwar größtenteils in Tierversuchen. Dazu wurde im Juni 2007 die sogenannte REACH-Verordnung erlassen. REACH steht für »Registrierung, Evaluierung und Autorisation von Chemikalien«. Je nach Produktionsmenge pro Jahr ist eine Reihe von Standard-Tests vorgesehen. Je größer die Menge, in der eine Substanz produziert wird, desto mehr Daten, d.h. desto umfangreichere Tierversuche werden verlangt. Schätzungen gehen von acht bis 54 Millionen Mäusen, Ratten, Kaninchen, Meerschweinchen und Hunden aus, die dafür leiden und sterben werden[71]. Wirbellose Tiere wie Regenwürmer und Wasserflöhe sind in dieser Hochrechnung nicht mitgezählt.

Chemikalien in Gegenständen des täglichen Gebrauchs und in der Umwelt stellen tatsächlich oft ein unkalkulierbares Risiko für die Gesundheit des Menschen dar. Seit Jahrzehnten verlässt man sich bei der Risikobewertung und der gesetzlichen Reglementierung von Chemikalien auf die Testmethode Tierversuch. Die neue EU-Chemikalienpolitik setzt diese Tradition leider fort. Doch das Festhalten an überalterten Denkmustern, nach denen ein sturer Katalog an Tierversuchen abgearbeitet wird, um ein Alibi vorweisen zu können, bietet auch künftig keine Sicherheit für den Verbraucher. Allerdings liegen von vielen Chemikalien, die seit über 30 Jahren auf dem Markt sind, schon zahlreiche, am Menschen gewonnene Daten vor. Dieses bereits vorhandene Wissen systematisch auszuwerten, würde echten Fortschritt bedeuten. Für weitere Informationen steht eine Vielzahl tierversuchsfreier Testmethoden zur Verfügung, die nicht nur sinnvolle, für den Menschen relevante Ergebnisse liefern, sondern zudem noch billig und vor allem auch schnell sind. Beispielsweise dauert der übliche Tierversuch zur Feststellung krebserregender Eigenschaften einer Substanz drei bis fünf Jahre und führt zu unzuverlässigen Ergebnissen. Ein tierversuchsfreier Zellkultur-Test hingegen liefert verlässliche Resultate schon nach wenigen Wochen.

Auf Druck der Tierversuchsgegnerverbände wurden einige Klauseln in REACH aufgenommen, die zumindest als Schritte in die richtige Richtung angesehen werden können:

Der Entwicklung von tierversuchsfreien Forschungsmethoden wird von der EU jetzt hohe Priorität eingeräumt.

Die Industrie muss ihre Daten austauschen, d.h. Firmen, die die gleichen Chemikalien herstellen, müssen sich zu Konsortien zusammenschließen und nur ein Dossier pro Chemikalie einreichen.

Die Chemikalienbehörde ECHA muss Anträge der Industrie auf Tierversuche für Substanzen, die in Mengen von mehr als 100 Tonnen pro Jahr produziert werden, sowie für besonders gefährliche Stoffe 45 Tage lang im Internet offenlegen. Tierschutzgruppen können so versuchen, herauszufinden, ob die benötigten Daten bereits anderweitig vorliegen oder auf andere Weise als durch Tierversuche gewonnen werden können.

Diese Zugeständnisse dürfen jedoch nicht davon ablenken, dass Millionen Tiere in den nächsten Jahren vorsätzlich einem qualvollen Tod ausgesetzt werden. Die EU hat mit REACH versäumt, einen längst überfälligen Paradigmenwechsel im Bereich der Giftigkeitsprüfungen einzuleiten, bei dem nicht länger Tierversuche der Standard sind, sondern moderne In-vitro-Systeme.

65. Werden Tierversuche auch im militärischen Bereich durchgeführt?

Seit es Kriege gibt, werden militärische Geräte aller Art vor ihrem Einsatz beim Menschen an Tieren getestet. Von der Atombombe bis zum Schnellfeuergewehr, vom Pesterreger bis zum Nervengas – alles wird an wehrlosen Tieren erprobt.

Die Versuche im Bereich der Rüstungsforschung unterliegen strengster Geheimhaltung, deswegen dringen nur spärliche Informationen an die Öffentlichkeit.

Laut dem deutschen Tierschutzgesetz sind Tierversuche zur Entwicklung von Waffen verboten, und die Anzahl der in Einrichtungen der Bundeswehr verbrauchten Tiere ist von 6.429 im Jahr 1984 auf 215 Tiere (158 Ratten und Mäuse, 42 Hunde 11 Meerschweinchen, 3 Kaninchen, 1 Großtier (Schaf, Ziege oder Pferd ohne nähere Angaben) im Jahr 2005 gesunken[72]. Diese Angaben beziehen sich jedoch nur auf die Einrichtungen der Bundeswehr. Tierversuche, die von der Bundeswehr an andere Institutionen, z.B. Universitäten, in Auftrag gegeben werden, tauchen in dieser Aufstellung nicht auf. Diese Tiere werden zwar an anderer Stelle der offiziellen Statistiken gezählt, allerdings nicht gesondert, so dass sich die tatsächliche Zahl der für die Militärforschung in Deutschland getöteten Tiere nicht ermitteln lässt. Das im Tierschutzgesetz festgeschriebene Verbot der Entwicklung und Erprobung von Waffen und Munition lässt sich damit leicht umgehen.

Im Sommer 2010 planten die US-Streitkräfte in Deutschland auf dem Truppenübungsplatz Grafenwöhr in der Oberpfalz Übungen zur Behandlung von Kriegsverletzungen an Schweinen und Ziegen. Angehende Sanitäter sollten an den narkotisierten Tieren die Versorgung der Wunden trainieren. Sofort nach Bekanntwerden hagelte es Proteste aus der Bevölkerung und von Seiten verschiedener Tierversuchsgegnervereine. Die US-Armee unternahm drei Anläufe, die Militär-Tierversuche genehmigen zu lassen. Doch jedes Mal wurden die Anträge von der zuständigen Genehmigungsbehörde abgelehnt mit der Begründung des Verstoßes gegen das deutsche Tierschutzgesetz. Die Versuche seien ethisch nicht zu rechtfertigen, außerdem könnten die Erkenntnisse auch auf andere Weise gewonnen werden.

Das Bundesministerium der Verteidigung gab in einem Schreiben an, dass »Soldatinnen und Soldaten der Bundeswehr im Rahmen der Sanitäterausbildung in Einrichtungen der Bundeswehr nicht an lebenden Tieren ausgebildet« werden. Allerdings werden lebende Tiere bei der Ausbildung von Militärpersonal in zivilen Einrichtungen verwendet, um Operationen zu trainieren. Eine Verwendung von lebenden Tieren in Einrichtungen der Bundeswehr im Bereich der Sanitäterausbildung werde derzeit geprüft[73].

Das heißt, selbst im Jahr 2010 werden die ethisch, wissenschaftlich und didaktisch vollkommen unsinnigen Operationsübungen an lebenden Tieren von der Bundeswehr noch durchgeführt, wenn derzeit auch nicht in eigenen Einrichtungen. (Siehe auch Frage 65.)

66. Sind Tierversuche im Studium und in der Ausbildung sinnvoll?

Bei den Tierversuchen in der Ausbildung geht es nicht um neue Erkenntnisse, sondern lediglich um die Vermittlung längst bekannten Wissens. So wurde der berüchtigte Froschversuch, bei dem Nerven und Muskeln von unmittelbar zuvor getöteten Fröschen als Experimentiermaterial dienen, 1791 von Luigi Galvani »erfunden«. Seither wird er von Generationen von Studenten in aller Welt Jahr für Jahr durchgeführt. Neben dem Froschversuch stehen vor allem »Präparationsübungen« auf dem Programm, d.h. das Aufschneiden getöteter Tiere, um ihren Körperaufbau zu studieren. Rund 46.000 Insekten, Regenwürmer, Schnecken und andere Wirbellose sowie 14.000 Wirbeltiere wie Ratten, Mäuse und Frösche werden laut einer Erhebung aus dem Jahr 1995 pro Jahr an deutschen Hochschulen allein in den Semestern des Grundstudiums von Biologie, Human- und Tiermedizin umgebracht[74]. Neuere Angaben sind öffentlich nicht zugänglich. Den offiziellen Statistiken des Bundeslandwirtschaftsministeriums zufolge wurden 2009 mehr as 57.000 Wirbeltiere in der Aus- und Weiterbildung verwendet[1]. Diese Zahl umfasst nicht nur das Grundstudium, sondern vor allem auch die Weiterbildung. So mussten knapp 2.000 Schweine für chirurgische Übungen von Ärzten sterben. Operationen an Schweinen zu trainieren ist jedoch fachlich unsinnig und setzt Patienten ungeahnten Gefahren aus. Schließlich würde sich kaum jemand von einem Tierarzt operieren lassen. (Siehe Frage 58.)

Nur Dummköpfe können dazu verleitet werden, die Vivisektion zu praktizieren und sich darin Ruhm zu verschaffen. Wir geben ihnen riesige Summen Geldes, damit sie entdecken können, weshalb wir in so alarmierend großer Zahl an Krebs sterben und wie wir diese Krankheit verhindern können. Sie nehmen das Geld und kaufen damit unzählige Mäuse, mit denen sie in ihren Forschungslaboratorien herumspielen. Wenn sie nach Jahren in sich selbst einen Mäuseverstand entwickelt haben, erklären sie uns, sie hätten herausgefunden, wie man eine Maus mit Krebs infizieren kann; auch hätten sie eine Mikrobe gefunden, die zwar harmlos sei, jedoch unter bestimmten Umständen, die sie nicht genauer definieren können, für Krebs charakteristisch zu sein scheine. Wer könne die Schnauzhaare einer einzigen Maus um eines so elendiglichen Resultates willen zupfen? Wenn diese Experimentatoren immer noch glauben, dass es besser ist, mit Mäusen herumzuspielen, als den eigenen Verstand zu gebrauchen, kann mich nichts davon überzeugen, dass sie überhaupt einen brauchbaren Verstand haben.

George Bernhard Shaw (1856-1959), britischer Schriftsteller, Nobelpreis für Literatur 1925

Im Grundstudium hat sich seit den 1980er Jahren dank unermüdlicher Proteste von Seiten der Studierenden einiges zum Positiven gewendet. Allerdings kommt es auch immer wieder zu Rückschritten, wenn nämlich zeitweilig abgeschaffte Tierversuche wieder eingeführt werden. An etwa der Hälfte der humanmedizinischen Fakultäten kann heute tierverbrauchsfrei studiert werden. Auch im Tiermedizinstudium hat sich die Situation verbessert. Zahlreiche Übungen, wie der Froschversuch, wurden an den meisten tiermedizinischen Fakultäten ersetzt. Die biologischen Fakultäten beharren allerdings größtenteils auf den althergebrachten Lehrmethoden. Die fortschrittlichen Universitäten setzen Computersimulationen, schmerzlose Selbstversuche, plastinierte Tiere (bekannt aus der Ausstellung »Körperwelten«) sowie natürlich gestorbene Tiere ein. Die Hartnäckigkeit, mit der an manchen Hochschulen geradezu krampfhaft am Tierverbrauch festgehalten wird, lässt als Erklärung nur einen Schluss zu: Die Studierenden sollen frühzeitig abgestumpft und angepasst werden, da der Tierversuch in der Wissenschaftswelt selbstverständlicher Bestandteil ist. Wer in der Tradition der Tierversuche zu akademischen Graden und Ehrungen gekommen ist, wird sie auch später nicht mehr in Frage stellen.

67. Sind Tierversuche in der Tiermedizin sinnvoll, weil das Problem der Übertragbarkeit nicht gegeben ist?

Zunächst muss mit der gängigen Vorstellung aufgeräumt werden, Tierversuche in der Tiermedizin würden nur zum Wohle von Tieren durchgeführt. Tatsächlich ist meist das Gegenteil der Fall, und tatsächlich profitieren von solchen Experimenten einzig und allein die Tiernutzer. Das Ziel des Einsatzes von Arzneimitteln und Impfstoffen im landwirtschaftlichen Bereich, von Zuchtprogrammen und dem Einsatz der Gentechnik ist, die Leistung der Tiere zu erhöhen und die wirtschaftlichen Schäden durch die bekannten qualvollen Haltungsbedingungen zu begrenzen. Gesundheit wird hier statt am Wohlbefinden der Tiere in Litern Milchproduktion oder täglicher Gewichtszunahme gemessen. Tierarzneimittel und veterinärmedizinische Forschung ermöglichen in der Landwirtschaft erst die grenzenlose Ausbeutung der »Nutz«tiere.

Doch auch im Bereich der »Heimtier«haltung dient die Tiermedizin nicht unbedingt dem Wohl der Tiere. Bei vielen Tierrassen sind Schäden durch Züchtung vorprogrammiert. Die Dackellähme, die Hüftgelenksdysplasie des Schäferhundes, die ständig tränenden und oft entzündeten Augen der Perserkatze, ihre Atemnot oder die Zahnfehlstellungen der Zwergkaninchen sind durch einseitige Zuchtauswahl auf bestimmte Merkmale zurückzuführen. Bei vielen der heutigen Heimtierrassen werden solche vom Menschen gemachten Defekte zugunsten eines bestimmten Modetrends in Kauf genommen. Die Tiermedizin soll diese vermeidbaren Schäden dann wieder korrigieren.

Sicher können Tiere auch bei bester Absicht und optimaler Haltung krank werden. In diesen Fällen ist es gut und wichtig, dass eine moderne Tiermedizin bereitsteht, das Leid der Tiere zu lindern und deren Krankheiten zu heilen. Doch Tierversuche sind hierfür der falsche Weg. In den Labors werden Tiere unter völlig unnatürlichen Bedingungen gehalten. Zudem werden die Krankheiten, die man untersuchen will, bei ihnen künstlich hervorgerufen. Beides führt dazu, dass sie nicht als Stellvertreter ihrer außerhalb eines Labors lebenden Artgenossen angesehen werden können, selbst dann nicht, wenn sie der gleichen Spezies angehören. Die Übertragung von Ergebnissen aus einem Tierexperiment auf ein »normales« Tier ist ähnlich problematisch wie die Übertragung auf den Menschen. Ob »Schmusekatze«, »Zwingerhund« oder »Punkratte«: Die durch Haltungsbedingungen, Ernährung, Umweltfaktoren sowie soziale und psychische Einflüsse geprägten Verhältnisse, in denen »Heim«tiere leben, können im Tierversuch nicht nachgeahmt werden. Noch weniger kann ein komplexes Krankheitsgeschehen bei Tieren unter Laborbedingungen erforscht werden. Wenn einem Tier beispielsweise Krebszellen injiziert werden, so hat der dann entstehende Krebs nichts mit den vielschichtigen Ursachen dieser Krankheit zu tun. Auf diese Weise lassen sich weder die Ursachen von Tierkrankheiten erforschen noch sinnvolle Therapien finden. Ergebnisse aus Laborstudien mit Tieren lassen daher für natürlich erkrankte Tiere der gleichen Spezies keine gesicherten Rückschlüsse zu.

Medizinischer Fortschritt ist auch in der Tiermedizin wichtig. Doch darf dies nicht auf Kosten eigens für Tierversuche gezüchteter Tiere geschehen. Mit empirischer, das heißt auf Erfahrung basierender Forschung am Tierpatienten für den Tierpatienten, schadet man Tieren nicht und kommt zu sinnvollen Erkenntnissen. Die Beobachtung von natürlich erkrankten Tieren und ihrer Reaktion auf bestimmte Therapiemaßnahmen führt zu tatsächlichen medizinischen Fortschritten. Wichtige Erfahrungen werden so jeden Tag in der Praxis gewonnen. Weiterhin können vielfältige Computermethoden und epidemiologische Studien zur Anwendung kommen. Vor allem aber sollte der Vorbeugung wesentlich mehr Beachtung geschenkt werden.

Wie in der Humanmedizin fängt Prävention nicht erst mit der Früherkennung von Krankheiten an, sondern bei der Verhinderung ihrer Entstehung. Die Obduktion gestorbener Tiere kann für Erforschung und Therapie von Krankheiten wesentliche Erkenntnisse vermitteln. Weiterhin können viele Fragestellungen, zum Beispiel im Bereich der Arzneimittelentwicklung, durch den Einsatz von Zellkulturen und anderen tierversuchsfreien Forschungsmethoden untersucht werden.

Bei Tierversuchen in der Tiermedizin müssen wir uns aber vor allem auch fragen: Darf ein »Labor«hund gequält werden, weil sich ein Wissenschaftler davon einen Nutzen für andere Hunde erhofft? Hat der Hund im Labor weniger Lebensrecht, weil er sich nicht in Privathand befindet? Haben nicht beide das gleiche Recht auf Leben in Unversehrtheit? Der »Versuchs«hund ist ein Rudeltier wie unser eigener Hund. Er schätzt es, mit Menschen und anderen Hunden zu spielen, zu laufen und zu toben. Wer jemals ein Tier operieren lassen musste, weiß, dass es schon durch die Manipulationen vor Eintritt der Narkosewirkung leidet, ebenso in der Aufwachphase. Man kann dem Tier nicht erklären, warum dies geschieht. Es hat nackte Angst. Der »Versuchs«hund und der eigene Hund fühlen gleichermaßen Schmerzen. Es ist reiner Zufall, dass der eine Hund bei uns leben darf, während gleichzeitig ein anderer Hund gezüchtet wird, um in Tierexperimenten qualvoll zu sterben. Können wir es verantworten, darüber zu entscheiden, welches Tier zum vorgeblichen Wohl eines anderen gequält werden darf? Ist dieses Vorgehen nicht zutiefst unethisch? In der Humanmedizin wird der absichtliche Missbrauch von Menschen als verabscheuungswürdig angesehen. In der Tiermedizin ist ein solches Vorgehen vom Tierschutzgesetz gedeckt. Es ist grausamer Alltag in tierärztlichen Hochschulen und anderen staatlichen und privaten Laboratorien. Und noch etwas: Der gequälte »Labor«hund leidet und stirbt auf jeden Fall. Der Nutzen, der dabei herauskommen soll, ist hingegen völlig ungewiss und häufig nur als Idee des Experimentators existent. Niemals steht einem sterbenden »Versuchs«tier ein dadurch überlebendes anderes Wesen, sei es Mensch oder Tier, gegenüber.

68. Werden auch für Hunde- und Katzenfutter Tierversuche durchgeführt?

Obwohl es schon unzählige Futtersorten für Haustiere gibt, kommen ständig neue Produkte auf den Markt. Spezielle Diäten für dicke, dünne, kleine, große, junge, alte Hunde und Katzen, ja selbst für die einzelnen Rassen. So werden bei den Verbrauchern Wünsche nach Produkten geweckt, die im Grunde niemand braucht und die nicht den Tieren zugute kommen, sondern nur die Taschen der Futtermittelindustrie füllen. Das Gewinnstreben der Konzerne allein ist dabei noch nicht einmal der Hauptkritikpunkt. Viele Firmen testen neue Futtermittel auf Geschmacksakzeptanz und Verträglichkeit an Tieren. Bei anderen Tieren werden die Organe geschädigt. Beispielsweise werden ihre Nieren chirurgisch oder mit Chemikalien zerstört, um Diätfuttermittel für Tiere mit Nierenproblemen zu testen. Der künstlich hervorgerufene Organschaden unterscheidet sich jedoch grundlegend von der natürlich entstandenen Erkrankung unserer Haustiere. Unter unnatürlichen Bedingungen gehalten, fristen Tiere ihr Dasein im Labor – als Stellvertreter für das geliebte Haustier. Aufgrund der unterschiedlichen äußeren Bedingungen hinsichtlich psychischer, sozialer, Ernährungs- und Umweltfaktoren lassen sich die experimentell gewonnenen Ergebnisse zu Verträglichkeit und Wirksamkeit eines Futtermittels nicht mit der nötigen Sicherheit auf andere Tiere übertragen.

Neben der Kritik an der Methode muss gerade in diesem Bereich auch die ethische Vertretbarkeit hinterfragt werden. Dürfen wir Tiere als Versuchsobjekte missbrauchen, nur weil sie das Pech hatten, nicht als Familienhund oder Schmusekatze geboren zu werden?

Die Zukunft

69. Wäre die Abschaffung aller Tierversuche nicht das Ende jeglichen medizinischen Fortschritts?

Ganz im Gegenteil! Tierversuche werden in einer zukünftigen, fortschrittlichen Medizin keinen Platz finden. Im Zeitalter der Raumfahrttechnik und der Mikrochips bedienen wir uns im Bereich der Medizin noch Methoden aus dem 19. Jahrhundert. Die heutige, an Tierexperimenten orientierte Medizin ist zu teuer, in vielen Bereichen ausgesprochen gefährlich und bei den meisten Zivilisationskrankheiten weitgehend unwirksam. Sie behandelt bestenfalls Symptome und ist nicht in der Lage, die tatsächlichen Ursachen unserer Krankheiten zu verstehen, geschweige denn sie präventiv zu beeinflussen. Tierversuche waren nicht nur nicht für den medizinischen Fortschritt verantwortlich, sie haben ihn sogar aufgehalten. Ein Beispiel: Im Bereich der Multiple-Sklerose-Forschung hat man jahrzehntelang in eine völlig falsche Richtung geforscht. Britische und australische Wissenschaftler fanden heraus, dass die übliche Simulation der Krankheit bei Mäusen vollkommen ungeeignet war und die Multiple-Sklerose-Forschung um Jahre zurückgeworfen hat[75]. Kein Wunder, dass diese schwere Erkrankung immer noch nicht heilbar ist.

Man unterschätzt den Einfallsreichtum und die Erfindungsgabe der Wissenschaftler, wenn man glaubt, dass durch den Wegfall einer Forschungsmethode die ganze Medizin zusammenbrechen würde. Die Geschichte hat gezeigt, dass Menschen, wenn ein Weg versperrt wird, immer andere, gangbare Wege finden. Das Verbot der Sklaverei in den Südstaaten der USA hat die Baumwollproduktion auch nicht zum Erliegen gebracht, wie zuvor von den Nutznießern der Sklaverei prophezeit worden war.

Mit der Abschaffung der Tierversuche werden Wissenschaftsbereiche wie Epidemiologie, Prävention, Sozialmedizin sowie tierversuchsfreie In-vitro-Forschung in den Vordergrund rücken und die Medizin wirklich voranbringen.

70. Wenn nicht an Tieren, woran soll man dann testen?

Im Gegensatz zum Tierversuch liefern moderne tierversuchsfreie Verfahren verlässliche, für den Menschen relevante Ergebnisse und sind dazu meist auch noch kostengünstiger. Trotzdem führen diese Methoden in der tierexperimentell dominierten Forschung und Medizin ein Schattendasein. Sie sind für junge Forscher oft nicht attraktiv. Die Beschäftigung mit tierversuchsfreien Verfahren ist weder für die Karriere zuträglich, noch fließen in diesem Bereich nennenswerte Forschungsgelder.

Die Bundesregierung fördert die tierversuchsfreie Forschung mit durchschnittlich 3,5 bis 4 Millionen Euro jährlich[72], ein lächerlicher Betrag verglichen mit den Milliarden, die in der tierexperimentellen Forschung zur Verfügung stehen (vgl. Frage 17). Doch trotz dieser minimalen Unterstützung hat die tierversuchsfreie Forschung beachtliche Erfolge aufzuweisen, und mehr und mehr Forscher erkennen ihr Potenzial.

So kündigten die amerikanische Umweltschutzbehörde EPA und die US-Nationalinstitute für Gesundheit (NIH) 2008 an, Chemikalien und andere Stoffe in Zukunft mit automatisierten Zellsystemen und Computermodellen testen zu wollen. Grund sei die schlechte Übertragbarkeit der Ergebnisse, die hohen Kosten und die lange Dauer von Tiertests. Mit Robotern ist es möglich, mehrere tausend Substanzen innerhalb eines Tages durchzutesten, was mit Tierversuchen Jahre dauern und dann nicht einmal brauchbare Ergebnisse hervorbringen würde[76].

Einige Beispiele für tierversuchsfreie Forschungsmethoden:

In-vitro-Methoden

Der Oberbegriff »In vitro« bedeutet »im Reagenzglas« und steht im Gegensatz zu »in vivo« (im Lebenden). Solche In-vitro-Systeme mit Zell- und Gewebekulturen, aber auch Mikroorganismen oder Blut sind zumeist billiger, schneller und vor allem aussagekräftiger und genauer als Tierversuche. Bereits heute werden In-vitro-Verfahren in fast allen medizinischen Bereichen angewandt. Sie umfassen die Bereiche der Medikamentenentwicklung und Chemikalienprüfung, die Untersuchung von Krankheitserregern, die Gewinnung und Prüfung von Impfstoffen, den Einsatz in der Krebstherapie und AIDS-Forschung, die Prüfung von Infusionslösungen auf Reinheit, die Entwicklung von Testmodellen aller Art und vieles andere mehr.

Ein Kritikpunkt ist allerdings, dass oftmals Zellen und Gewebe von Tieren eingesetzt werden, obwohl Kulturen aus menschlichen Geweben vom ethischen und wissenschaftlichen Standpunkt her sinnvoll wären. Menschliche Zellen und Gewebe können von Gewebeproben, Nachgeburten, Nabelschnüren oder chirurgischen Eingriffen stammen.

Zellkulturen

Im Bereich der Zellkulturen wurden besonders viele In-vitro-Methoden entwickelt. Um Kulturen menschlicher Zellen, z.B. von Leber, Haut, Knorpel oder Knochenmark, anzulegen, kann Zell- oder Gewebematerial, das bei Operationen anfällt, verwendet werden. Permanente Zellkulturen können sich unaufhörlich teilen und krebsartig wachsen. Sie sind praktisch unbegrenzt lebensfähig, d.h. bei ihrer Verwendung muss nicht immer neues Gewebe gewonnen werden. Mittlerweile sind zahllose Zelllinien für die verschiedensten Fragestellungen kommerziell erhältlich.

Eine Reihe von Zellkulturverfahren ist bereits behördlich anerkannt. So dient der EPISKIN-Test mit künstlicher, menschlicher Haut der Bestimmung der Ätzwirkung von Chemikalien auf der Haut, die sonst an Kaninchen oder Meerschweinchen vorgenommen wird.

Mit sogenannten Co-Kulturen verschiedener Zellarten lassen sich selbst komplexe Strukturen des menschlichen Körpers im Reagenzglas »nachbauen«. So ist es gelungen, die menschliche Haut mit ihren diversen Schichten verschiedener Zellen darzustellen. Sogar dreidimensionale Herz-, Leber- und Knorpelgewebe oder Blutgefäße können heute dank modernster Techniken im Labor nachgebildet werden.

Bakterien

Die DNA (Erbsubstanz) von Bakterien ist der von höheren Lebewesen grundsätzlich ähnlich. Dieser Sachverhalt erlaubt Studien zur erbgutschädigenden Wirkung sowie genetische

Grundlagenforschung an Bakterien und Hefezellen. Der Ames-Test, bei dem Salmonellen die Testobjekte sind, ist bereits Routinebestandteil des »Drug-Screenings«, um erbgutschädigende Stoffe auszusortieren. Beim Leuchtbakterientest wird die Leuchtfähigkeit dieser Mikroorganismen ausgenutzt, die Rückschlüsse auf ihren Stoffwechsel zulässt. Bei Zugabe von reizenden Substanzen wird der Stoffwechsel geschädigt und die Leuchtkraft somit vermindert.

Bioreaktoren

Die Produktion von monoklonalen Antikörpern, die in der Diagnostik und Krebsforschung eine Rolle spielen, erfolgte üblicherweise in der sogenannten Aszites-Maus. Dabei wurden Mäusen tumorartige Zellen in die Bauchhöhle injiziert. Es kam zu einer Bauchwassersucht, was für die Tiere mit ungeheuren Schmerzen verbunden war. Die Flüssigkeit wurde aus dem Bauch abgezapft, um die monoklonalen Antikörper zu gewinnen. In den 1980er und 1990er Jahren wurden Bioreaktoren entwickelt, mit denen die Antikörper in vitro produziert werden können. Die Gewinnung der Antikörper in der Aszites-Maus ist in Deutschland, bis auf wenige Ausnahmen, heute verboten.

Mikro- oder Biochips

Biochips kommen einer Revolution bei der Wirkstofftestung gleich. Dank automatisierter Abläufe lassen sich große Mengen an Substanzen in kürzester Zeit messen – zuverlässig, preisgünstig, schnell und – wenn menschliche Zellen verwendet werden – auf die Situation beim Menschen übertragbar. Also genau das Gegenteil von Tierversuchen, die aufwendig, langwierig, schlecht reproduzier- und übertragbar sind. Mittlerweile gibt es bereits eine ganze Palette solcher Lab-on-a-chip (»Labor auf einem Chip«) genannten Systeme für Haut, Leber, Lunge, Niere, Blutgefäße, Lymphknoten, Nervenzellen und sogar kombiniert als eine Art Mini-Organismus. Dabei kann in einem System aus winzigen, mit Zellen verschiedener Organe ausgekleideten Gängen und Kammern auf einem Mikrochip die Aufnahme, Verteilung und Verstoffwechslung neuer Medikamente getestet werden, fast wie in einem lebenden Körper, auf jeden Fall aber aussagekräftiger, als an Organismen der falschen biologischen Art.

Toxikogenomik

Toxikogenomik ist ein neuartiges Wissenschaftsfeld, bei dem die Veränderungen von Genen und Proteinen innerhalb einer einzelnen Zelle bestimmt werden. Durch giftige Stoffe werden die molekularen Mechanismen in den Zellen verändert, z.B. ändert sich die durch die Gene festgelegte Proteinbildung, was gemessen werden kann. Anstatt also die Effekte von Substanzen anhand von Organveränderungen bei Tieren zu untersuchen, wird deren Wirkung in einzelnen Zellen bestimmt. Verwandte Felder sind die Genomik (Studium der Gene einer Zelle und ihrer Regulierung) und die Proteomik (Studium aller Proteine einer Zelle).

Vorteil dieser Systeme ist vor allem die Automatisierbarkeit. Mit sogenannten Microarrays oder Gen-Chips werden die molekularen Vorgänge Tausender einzelner Zellen auf einem winzigen Chip analysiert.

Computertechniken

Technisch ausgefeilte Computermodelle können Informationen über Struktur, Wirkung und Giftigkeit von Substanzen, wie zum Beispiel neuen Arzneimitteln oder Chemikalien, liefern. Mit CADD (Computer-Assisted Drug Development) kann das Verhalten von Wirkstoffen im menschlichen Körper sehr exakt dargestellt werden. In der Pharmaindustrie werden diese Modelle eingesetzt, um potenziell unwirksame oder giftige Stoffe auszusortieren.

Computersysteme wie QSAR (Quantitative Structure Activity Relationship) errechnen auf Grundlage der Molekularstruktur einer Substanz ihre wahrscheinliche Wirkung. VirtualToxLab ist eine ausgeklügelte QSAR-Methode, mit der die Wechselwirkungen von Wirkstoffen oder Chemikalien mit Zellrezeptoren simuliert werden, die für die toxische Reaktion verantwortlich sind. So können mögliche schädliche Wirkungen vorhergesagt werden. Computermodelle sind im Vergleich zu Tierversuchen extrem schnell, kostengünstig und präzise. Allerdings basieren sie auf vorhandenem Wissen, mit dem die Computer gefüttert werden. Um Lücken zu schließen, werden sie ständig weiterentwickelt.

Analytische Verfahren

Früher wurden zur Analyse von Insulin oder anderen Hormonen zahllose Tierversuche durchgeführt, die zeitraubend und mit einer hohen Fehlerquote belastet waren. In den sechziger und siebziger Jahren des 20. Jahrhunderts entwickelte man Analyseverfahren, die sehr viel präziser waren und zudem – als Nebeneffekt – auf Tierversuche verzichteten.

Mit chromatographischen Verfahren werden die unterschiedlichen chemischen Eigenschaften von Substanzen analysiert. So wurde unter anderem in Deutschland ein qualvoller Test mit Mäusen, bei dem Muscheln auf darin enthaltene Gifte getestet werden, durch eine hochdruckflüssigkeitschromatographische Methode (HPLC) ersetzt.

Bildgebende Verfahren

Relevante Erkenntnisse für den Bereich der humanmedizinischen Grundlagenforschung lassen sich an menschlichen Patienten direkt mit modernen, computergestützten bildgebenden Verfahren (Computertomographie, Positronen-Emissions-Tomographie, Kernspintomographie) gewinnen. Dabei werden Organe als dreidimensionales Gesamtbild dargestellt. In der Hirnforschung können so einzelne Bereiche des menschlichen Gehirns während bestimmter Hirnleistungen bildlich dargestellt werden. So lassen sich beispielsweise aktive Hirnzellen identifizieren, während sich eine Versuchsperson Bilder oder Wörter einprägt oder andere Aufgaben durchführt. Diese Methode ist auch zur Untersuchung neurologischer Erkrankungen und zur Diagnose von Gehirntumoren geeignet.

Epidemiologie

Unter Epidemiologie versteht man Bevölkerungsstudien, also Untersuchungen an Gruppen von Menschen. Auf diese Weise können die Zusammenhänge zwischen bestimmten Krank-

> Wenn jemand Tierschlachtung und Tierversuch noch völlig unbeeindruckt bejaht, dann ist in seiner menschlichen Entwicklung ein Stückchen Steinzeit noch nicht überwunden.
>
> *Felix Wankel (1902-1988), Erfinder*

heiten und dem Lebensstil sowie den Lebensumständen von Menschen, wie Ernährung, Gewohnheiten und Arbeit, aufgedeckt werden. Die Epidemiologie entwickelte sich aus der Beobachtung von Infektionskrankheiten. Im 19. Jahrhundert konnten hygienische und soziale Missstände als Ursachen für die Seuchenzüge der damaligen Zeit identifiziert werden. Aufgrund der Ergebnisse aus epidemiologischen Untersuchungen konnten vorbeugende Maßnahmen abgeleitet werden. Beispielsweise wurden die krebserregenden Eigenschaften von Tabakrauch und Asbest so erkannt.

Fleisch- und fettreiche Ernährung, Bewegungsmangel sowie psychosoziale Faktoren konnten aufgrund von Bevölkerungsstudien als Hauptursachen für Diabetes, Krebs und Herz-Kreislauf-Erkrankungen wie Schlaganfall, Herzinfarkt und Arteriosklerose identifiziert werden.

Klinische Forschung

Ein Großteil des heutigen medizinischen Wissens basiert auf sorgfältiger Beobachtung von kranken Menschen. Forschung an menschlichen Patienten erlaubt Aussagen darüber, ob und wie kranke Menschen auf neue Wirkstoffe reagieren und ob diese besser als bisherige Therapien sind. Klinische Forschung muss sorgsam und vorsichtig mit eingehend informierten Teilnehmern durchgeführt werden und ist somit klar von »Menschenversuchen« abzugrenzen.

Microdosing

Microdosing ist eine neue Technik im Bereich der Arzneimittelforschung, bei der Freiwillige eine extrem kleine Dosis eines potenziellen Medikamentes verabreicht bekommen. Eine

Mikrodosis ist so klein, dass sie keinerlei pharmakologische Wirkung bei der Versuchsperson hat und damit auch keinen Schaden anrichten kann. Aufnahme, Verteilung, Verstoffwechslung und Ausscheidung des Stoffes werden in Blut und Urin mit hochempfindlichen Methoden gemessen.

Leichenöffnungen (Obduktionen)
Obduktionen Verstorbener geben Aufschluss über die Entstehung von Krankheiten und die durch Krankheiten bedingten Veränderungen der Organe.

Simulatoren
Noch bis in die 90er Jahre wurden die Auswirkungen von Verkehrsunfällen an Schweinen und Affen simuliert Heute dienen dazu Crashtest-Dummys, lebensgroße, mit Sensoren ausgestattete Puppen.

Simulationsmodelle wie TraumaMan werden im Bereich der chirurgischen Ausbildung und der Wehrmedizin eingesetzt. Der Umgang mit Knochenbrüchen, Verbrennungen, Blutungen, Schusswunden und Unfall- oder Kriegsverletzungen aller Art kann so realitätsnah trainiert werden. Der Einsatz solcher Simulatoren ist sehr viel sinnvoller und lehrreicher, als Schweinen, Hunden und Ziegen Verletzungen zuzufügen.

71. Wie ist die Verwendung von tierischen Zellen, Hühnereiern usw. als »Alternative« zu Tierexperimenten zu bewerten?

Die Verwendung von Materialien, für die Tiere leiden oder sterben müssen, ist aus ethischen Gründen nicht akzeptabel und wegen der fraglichen Übertragbarkeit auch wissenschaftlich zweifelhaft. Das Ziel muss eine Forschung sein, bei der vollständig auf den Einsatz von Tieren oder tierischen Produkten verzichtet wird.

72. ■ Wie ist die 3R-Strategie zu beurteilen?

Das sogenannte 3R-Konzept wurde 1959 von dem Zoologen William Russel und dem Mikrobiologen Rex Burch vorgestellt. Die 3Rs stehen für:

Replacement (Ersatz): Der Tierversuch wird durch eine tierversuchsfreie Methode ersetzt.

Reduction (Reduzierung): Anstelle des herkömmlichen Tierversuchs wird eine Methode eingesetzt, die die Anzahl der Tiere verringert.

Refinement (Verfeinerung): Maßnahmen, die die Leiden der Tiere vermindern. Auch verbesserte Haltungsbedingungen zählen hierzu.

Dieses Konzept beruht auf der Annahme, der Tierversuch sei eine prinzipiell sinnvolle Methode. Eine Abkehr von ihr wird nicht in Erwägung gezogen. Für Tierversuchsgegner sind die Rs Reduction und Refinement indiskutabel. Selbst der Ersatz (Replacement) ist nur bedingt zu akzeptieren, impliziert er doch, dass der Tierversuch im Prinzip eine geeignete Methode sei, die lediglich ersetzt zu werden braucht, um zu relevanten Ergebnissen zu gelangen.

Tatsächlich sind Tierexperimente nicht nur aus ethischen Gründen abzulehnen, sondern auch, weil es sich um eine falsche Methode handelt, die wertlose Ergebnisse liefert. Dieser wissenschaftskritische Aspekt wird bei der 3R-Philosophie nicht berücksichtigt. In Wissenschaftskreisen wird auch von »Alternativmethoden« oder »Ersatz- und Ergänzungsmethoden« gesprochen. Auch diese Formulierungen sind irreführend. Der Tierversuch ist eine ethisch und wissenschaftlich untragbare Methode. Es macht keinen Sinn, eine schlechte Methode zu ersetzen oder zu ergänzen. Tierversuchsfreie Methoden stellen somit keinen bloßen Ersatz oder eine Ergänzung zum Tierversuch dar, sondern erfüllen im Gegensatz zum Tierversuch die Kriterien für gute Wissenschaft.

73. Können alle Tierversuche durch tierversuchsfreie Verfahren ersetzt werden?

Viele Tierversuche brauchen nicht ersetzt zu werden, weil sie schlichtweg unsinnig oder überflüssig sind. Hierzu zählen vor allem Experimente im Bereich der tierexperimentellen Grundlagenforschung. Diese meist zweckfrei ausgerichtete Forschung dient hauptsächlich der Profilierung und persönlichen Karriere einzelner Experimentatoren. So muss beispielsweise niemand wissen, wie die Gehirne von Katzen, Affen und Eulen in Detail funktionieren. Versuche dieser Art können ersatzlos gestrichen werden.

In anderen Bereichen, wie bei den Giftigkeitsprüfungen und in der Arzneimittelforschung, können wissenschaftliche Methoden anstelle von Tierversuchen eingesetzt werden. Dazu zählt zum Beispiel die In-vitro-Forschung (in vitro steht für »im Reagenzglas«). Mit Hilfe von schmerzfreier Materie wie Zell- und Gewebekulturen lässt sich heute schon eine Fülle von Fragestellungen beantworten. Und das Potenzial ist noch längst nicht ausgeschöpft (siehe Frage 70).

Der Einsatz tierversuchsfreier Methoden ist dabei nicht ein bloßer Ersatz, sondern ein Fortschritt gegenüber Tierversuchen.

74. Lassen sich überhaupt neue Medikamente ohne Tierversuche entwickeln und testen? Braucht man nicht einen kompletten Organismus, um neue Stoffe erproben zu können?

Viele der heute existierenden Zellkultur-Methoden können tatsächlich nicht vorhersagen, wie ein kompletter Organismus, ein ganzer Mensch, reagieren wird. Allerdings können Tierversuche dies erst recht nicht. Was nützen uns Aussagen darüber, wie ein ganzer Körper auf ein Medikament reagiert, wenn es der falsche Körper ist? Wenn man jedoch viele verschiedene In-vitro-Methoden, zum Beispiel mit menschlichen Zellen und Geweben, verwendet und dies noch mit speziellen Computerprogrammen kombiniert, erhält man Informationen, die sehr viel genauer und verlässlicher als der Tierversuch vorhersagen können, wie ein Mensch auf einen neuen Stoff reagieren wird.

Tatsächlich ist es heute bereits möglich, einen Organismus auf einem Silizium-Chip nachzuahmen. Winzige Kammern aus Glasröhren, die mit lebenden Zellen ausgekleidet sind, stellen einzelne Organe dar. Ein hinzugegebener neuer Wirkstoff zirkuliert mit einer Nährlösung durch den künstlichen Körper. Seine Wirkung in den einzelnen Organen, seine Verstoffwechslung sowie die mögliche Entstehung giftiger Abbauprodukte können nun erforscht werden.

75. Warum dauert die Anerkennung tierversuchsfreier Testmethoden so lange?

Bevor eine tierversuchsfreie Methode behördlich anerkannt wird und in Gesetze Eingang finden kann, muss sie den Prozess der Validierung durchlaufen. Die wissenschaftliche Aussagefähigkeit und die Zuverlässigkeit der Ergebnisse sollen so überprüft werden. Dabei wird die neue Methode mit bekannten Substanzen in verschiedenen Labors nach einem einheitlichen Versuchsaufbau getestet. Die Ergebnisse müssen mit denen des entsprechenden Tierversuchs übereinstimmen. Nur dann können sie Eingang in gesetzliche Vorschriften finden. Dieser Prozess kann zehn oder 15 Jahre oder noch länger dauern.

Theoretisch gesehen müssten zwar auch Tierversuchsverfahren eine solche Prozedur durchlaufen. In der Praxis geschieht dies jedoch nicht. Tierversuche und tierversuchsfreie Methoden werden mit zweierlei Maß gemessen. Während für In-vitro-Methoden von der Entwicklung bis zur Anwendung aufwendige, langwierige und kostspielige Validierungsstudien verlangt werden, um ihren wissenschaftlichen Wert unter Beweis zu stellen, wurden Tierversuche nie einer solchen Prozedur unterzogen.

Tierversuche werden von Wissenschaft, Politik und Gesetzgebung einfach akzeptiert, obwohl die Ergebnisse ungenau, nicht verlässlich reproduzierbar und nicht auf die Situation beim Menschen übertragbar sind. Die Qualität neuer, sinnvoller Testsysteme wird also an einer gefährlichen, veralteten Methode gemessen. Wirklich aussagekräftige In-vitro-Systeme haben es schwer, behördlich anerkannt zu werden. Die Validierung am

Tierversuch ist unsinnig, sinnvoll wäre ein Vergleich der neuen Methode mit bekannten Daten aus der Humanmedizin.

Zwei Beispiele:

Die EU schreibt seit 1991 den sogenannten Maus-Bioassay zur Testung von Algengiften in Muscheln vor. Dabei werden Stichproben der Weichtiere jeweils drei Mäusen in die Bauchhöhle injiziert. Sterben zwei der drei Mäuse, gilt der Fang als giftig und darf nicht vermarktet werden. Der Todeskampf der Tiere kann sich über 24 Stunden erstrecken. Die Mäuse ersticken qualvoll. Der Test ist nicht nur äußerst grausam, sondern gilt auch als besonders unzuverlässig. In Deutschland wird bereits seit den 1980er Jahren ein rein tierfreies hochdruckflüssigkeitschromatographisches Verfahren (HPLC) angewandt. Ab Juli 2011 soll diese chemisch-analytische Testung endlich EU-weit eingeführt werden. Laut EU-Kommission werden dadurch 300.000 Mäuse pro Jahr eingespart. Allerdings gilt die Neuerung nur für das DSP-Muschelgift (Durchfall erzeugendes Gift). Für das PSP-Gift (lähmendes Gift) werden nach wie vor Tierversuche durchgeführt. Die EU brauchte also mehr als 25 Jahre, um einen in Deutschland längst etablierten und für die Konsumenten sehr viel sichereren tierversuchsfreien Test gesetzlich anzuerkennen, und selbst dies geschieht nur mit Einschränkungen.

Bei Infusionslösungen, Impfstoffen und anderen Substanzen, die in den menschlichen Körper gespritzt werden, muss untersucht werden, ob sie Stoffe enthalten, die Fieber auslösen können. Bislang wird Kaninchen die Substanz verabreicht. Über mehrere Stunden wird verfolgt, ob sich die Körpertemperatur erhöht. Die Kaninchen werden während des Versuchs so fixiert, dass sie sich nicht bewegen können. Die Ergebnisse sind unzuverlässig, da die Temperatur der Tiere durch nicht erfasste Faktoren beeinflusst werden kann und bei Wiederholungen starke Schwankungen zeigt. Pyrogene, also Fieber auslösende Stoffe lassen sich viel besser mit menschlichen weißen Blutkörperchen aus dem Blut Freiwilliger nachweisen. Die Blutzellen schütten den Signalstoff Interleukin-1ß aus, wenn sie mit Fieber auslösenden Bakterienbestandteilen in Berührung kommen. Die Menge des Interleukins-1ß wird gemessen. Dieser Blut-Pyrogentest wurde Anfang 1990 an der Universität Konstanz entwickelt. Trotz hervorragender Ergebnisse bei verschiedenen Validierungsstudien wird er bislang nur zögerlich eingesetzt.

Bei der Entwicklung, Validierung und gesetzlichen Anerkennung tierversuchsfreier Methoden spielen staatliche Institutionen wie ZEBET (Zentralstelle zur Erfassung und Bewertung von Ersatz- und Ergänzungsmethoden in Berlin) und das europäische Gegenstück ECVAM (European Center for the Validation of Alternative Methods in Ispra, Italien) eine wichtige Rolle. Eine der Aufgaben ZEBETs ist es, tierversuchsfreie Verfahren bei der Organisation für wirtschaftliche Zusammenarbeit und Entwicklung (OECD) durchzusetzen. Diese gibt in Richtlinien vor, wie Chemikalien für die weltweite Vermarktung zu testen sind – größtenteils in Tierversuchen. In die OECD-Vorschriften wurden nach jahrelangem Validierungs-Prozedere einige In-vitro-Tests aufgenommen, beispielsweise Tests zur Hautverträglichkeit und zur Untersuchung der Giftigkeit einer Substanz bei Lichteinfluss (Phototoxizität).

Eine Validierung wird nur bei gesetzlich vorgeschriebenen Tierversuchen verlangt, deren Anteil in den letzten Jahren in Deutschland bei nur 15 % aller Tierversuche lag. In den Bereichen der Arzneimittel- und Grundlagenforschung, die den größten Teil der Tierversuche ausmachen, kann jeder Experimentator nach Belieben Tierversuche oder tierfreie Methoden durchführen. Der weitaus größte Teil aller Tierversuche könnte also ohne jegliche gesetzliche Behinderung sofort beendet werden, da die tierversuchsfreien Forschungsmethoden in diesem Bereich ohne den zeitraubenden Prozess der Validierung eingeführt werden können. Dass dies nicht geschieht, liegt daran, dass die in diesen Bereichen tätigen Forscher schlicht kein Interesse an tierversuchsfreien Methoden haben (siehe Frage 29).

76. Können Laien eigentlich beim Thema Tierversuche mitreden? Muss dieses Feld nicht den Experten aus Wissenschaft und Industrie überlassen werden?

Ganz gewiss nicht! Die Bewertung von Fragen hinsichtlich der Grausamkeit und der wissenschaftlichen Fragwürdigkeit von Tierversuchen darf nicht denen überlassen werden, die vom Tierversuch wirtschaftlich und beruflich profitieren. Die Aussagen dieser sogenannten Experten sind nicht objektiv, sondern in hohem Maße durch persönliche Interessen motiviert.

Außerdem bekennen sich bei Weitem nicht alle Wissenschaftler zum Tierversuch. Die Zahl der Ärzte und Forscher, die dem Tierversuch kritisch gegenüberstehen, wächst ständig. Tausende von Medizinern engagieren sich in Vereinigungen wie Ärzte gegen Tierversuche in Deutschland und vielen anderen Ländern. Eine Umfrage unter 500 Hausärzten in Großbritannien aus dem Jahr 2004 macht eine kritische Haltung der Mediziner gegenüber dem Tierversuch deutlich. 82 % halten Tierversuchsergebnisse für irreführend, wenn sie auf den Menschen übertragen werden, und 83 % würden eine unabhängige Untersuchung zur klinischen Relevanz von Tierexperimenten unterstützen[77].

Zunehmend werden auch kritische Studien in wissenschaftlichen Fachjournalen veröffentlicht. Beispielhaft sei hier eine Studie britischer Universitäts-Wissenschaftler genannt, der zufolge Tierversuchsergebnisse wegen ihrer irreführenden Aussagen Patienten gefährden können[30].

77. Ist die Mehrheit der Bevölkerung eher für oder gegen Tierversuche?

In einer im Frühjahr 2009 vom Marktforschungsinstitut YouGov in Deutschland, Frankreich, Großbritannien, Italien, der Tschechischen Republik und Schweden durchgeführten Internet-Umfrage wird deutlich, dass der weitaus überwiegende Teil der Bevölkerung Tierversuchen ablehnend gegenübersteht. Von den 7.139 befragten Erwachsenen (Zahlen für Deutschland in Klammern) forderten 79 (82) % ein gesetzliches Verbot aller Tierversuche ohne konkreten medizinischen Bezug. 84 (89) %

der Befragten sind für die Abschaffung aller Experimente, die mit schwerem Leid für die Tiere einhergehen, unabhängig von der Tierart. 81 (85) % wollen Versuche verbieten, die bei Affen Schmerzen und Leiden hervorrufen. 80 (84) % treten für eine Veröffentlichung von Informationen über die durchgeführten Tierversuche ein.

Die von der EU-Kommission im Jahr 2006 im Rahmen der Überarbeitung der europäischen Tierversuchsrichtlinie durchgeführte Umfrage unter mehr als 40.000 Bürgern aus 30 europäischen Ländern kommt zu ähnlichen Ergebnissen. Eine deutliche Mehrheit der Befragten findet, dass die derzeitigen Tierschutzbestimmungen nicht ausreichen und auf politischer Ebene erheblicher Handlungsbedarf besteht: Rund 75 % halten den Grad des Tierschutzes in der EU und in ihrem eigenen Land für schlecht bis sehr schlecht. 90 % finden, dass die EU bzw. die Regierung in ihrem eigenen Land für mehr Tierschutz sorgen sollte. Die Befragten halten den Schutz von Affen, Hunden, Katzen (je 86 %), Kaninchen (82 %), Meerschweinchen (80 %), Mäusen (69 %), Fröschen (71 %) und Fischen (67 %) im Labor für wichtig.

Andere aktuelle Umfragen zu dem Thema sind zurzeit nicht bekannt.

78. Haben Tierversuchsgegner schon etwas erreicht?

Ja, es wurde bereits sehr viel erreicht. Die Zahl der Tierversuche nahm von den Anfängen der offiziellen Statistiken Ende der achtziger Jahre bis zum Jahr 1997 kontinuierlich ab. Nach diesem Tiefpunkt stieg die Zahl jedoch wieder an. Doch die Tatsache, dass die Tierversuchszahlen zumindest bis zu dem Tiefpunkt überhaupt abgenommen haben, dass Tierversuche ein Thema in der Öffentlichkeit, in den Medien und der Politik sind, dass immer mehr Wissenschaftler sich Gedanken über andere Forschungsmethoden machen, ist einzig und allein der jahrzehntelangen Arbeit der Tierversuchsgegner zu verdanken.

Der Glaube an die Sicherheit von Medikamenten ist in den letzten Jahrzehnten schwer erschüttert worden. Zahllose Beispiele von Substanzen, welche tierexperimentell für sicher gehalten wurden und dann beim Menschen zu tragischen Komplikationen führten, haben die Illusion, dass auf der Basis von Tierversuchen neue, sichere Medikamente gefunden werden können, grundlegend gestört.

Für die Entwicklung und den Einsatz von Zellkulturen und anderen tierversuchsfreien Methoden war die Tierversuchsgegnerbewegung der Katalysator. Ohne den unermüdlichen Kampf der Tierversuchsgegner gäbe es Einrichtungen wie ZEBET (Zentralstelle zur Erfassung und Bewertung von Ersatz- und Ergänzungsmethoden in Berlin) und das europäische Gegenstück ECVAM (European Center for the Validation of Alternative Methods in Ispra, Italien) nicht, zwei Institutionen, die sich für die Etablierung tierversuchsfreier Testmethoden einsetzen. Dass heute in Deutschland an der Hälfte der humanmedizinischen Fakultäten tierversuchsfrei studiert werden kann, ist ein Erfolg der Studentenproteste und der Tierversuchsgegnerbewegung.

Der Stellenwert des Tierschutzes, auch im Bereich Tierversuche, hat in den Parlamenten auf Bundes- und EU-Ebene in den letzten zwei Jahrzehnten deutlich zugenommen. So ist die EU-Kosmetik-Richtlinie ein erfolgreiches Resultat jahrelanger Arbeit von Tierversuchsgegnern und engagierten Abgeordneten. Auch Gesetzesänderungen, bei denen tierversuchsfreie Verfahren anstelle von Tierversuchen anerkannt wurden, z. B. beim qualvollen Abwasser-Fischtest, der unzähligen Goldorfen erspart bleibt, ist auf die Aktivitäten der Bewegung zurückzuführen.

Solche Erfolge sind unter großen Mühen erkämpft worden, und immer wieder gibt es auch harte Rückschläge. Für aktive Tierversuchsgegner geht es viel zu langsam voran, weil mit jedem Tag, mit jeder Sekunde weiter Tiere in sinnlosen, archaischen Experimenten leiden und sterben. Aber es geht voran. Wir haben einen Stein ins Rollen gebracht, der nicht mehr aufzuhalten ist und in hoffentlich nicht allzu ferner Zukunft sein Ziel erreichen wird.

79. ▪ Kann man Tierversuchs-Produkte boykottieren?

Ein Boykott von Tierversuchen ist nur im Kosmetik-Bereich möglich. Positivlisten für tierversuchsfreie Kosmetik sind beim Deutschen Tierschutzbund e.V. (www.tierschutzbund.de) und auf www.gocrueltyfree.org erhältlich (siehe auch Frage 59). Im Arzneimittelbereich ist ein Boykott kaum möglich. Leider gibt es nämlich aufgrund gesetzlicher Vorschriften kaum tierversuchsfreie Medikamente. Praktisch alle Medikamente, Behandlungsmethoden, Operationstechniken usw. sind im Tierversuch getestet worden. Und praktisch alle Pharmaunternehmen führen Tierversuche durch.

Die Tatsache, dass praktisch alle Medikamente in Tierversuchen getestet worden sind, ist jedoch weder ein Argument für ihre Notwendigkeit, noch bedeutet dies, dass Tierversuchsgegner auf jegliche medizinische Versorgung verzichten müssen, wie oft von der Gegenseite verlangt wird.

Die beste Medizin, um einem Großteil der Zivilisationskrankheiten vorzubeugen, ist eine gesunde, vegetarische oder besser noch vegane Ernährung, verbunden mit einem bewussten Lebensstil (Verzicht auf Suchtmittel, wenig Stress, Bewegung an frischer Luft usw.).

Für viele Bereiche gibt es sinnvolle und wirksame Alternativen zur Schulmedizin: Homöopathie, Akupunktur und andere naturheilkundliche Verfahren. Diese sollten Sie, wo immer möglich, bevorzugen.

Um die forschenden, tierexperimentell arbeitenden Pharmakonzerne möglichst nicht zu unterstützen, kann man auf sogenannte Generika-Präparate zurückgreifen. Medikamente können nach Ablauf einer Patentfrist von 20 Jahren von anderen Firmen hergestellt werden. Diese Generika-Firmen produzieren dann die Medikamente meist zu einem sehr viel günstigeren Preis. Wenn man auf diese Nachahmerpräparate ausweicht, hat man zwei Vorteile: man unterstützt die forschenden Firmen nicht, und man verwendet Medikamente, deren Wirkungsweise seit Langem gut bekannt ist. Unliebsame Überraschungen, wie schwere Nebenwirkungen, sind bei diesen also nicht so wahrscheinlich. Dies darf jedoch nicht darüber hinwegtäuschen, dass auch Generika früher im Tierversuch getestet worden sind.

Die Tierversuche sind die größte und gemeinste Kulturschande der Gegenwart, sie sind moralisch und intellektuell dem Irrwahn der Hexenprozesse völlig gleichzustellen. Kein Volk, das sie duldet, hat ein Recht darauf, sich ein Kulturvolk zu nennen.

Manfred Kyber (1880-1933), Schriftsteller

Teilweise gehören Generika-Firmen auch zu forschenden Pharmaunternehmen, wie zum Beispiel Hexal zu Novartis.

Ein vollständiger Boykott aller tiergetesteten Stoffe ist also praktisch nicht möglich. Denn nicht nur Medikamente, auch alle Stoffe des täglichen Lebens, wie Farben, Kunststoffe oder Zusatzstoffe in Nahrungsmitteln, ja sogar Wasser, wurden schon an Tieren getestet. Es würde keinem einzigen Tier nützen, auf (schul)-medizinische Behandlungsmethoden zu verzichten, nur weil dafür zu irgendeinem Zeitpunkt Tiere gequält wurden. Wir können die Tierversuche der Vergangenheit nicht rückgängig machen, wir können nur dafür sorgen, dass es in Zukunft keine mehr geben wird (siehe dazu Frage 41).

80. Was kann der Einzelne denn gegen Tierversuche tun?

Zunächst ist es wichtig, dass Sie sich gründlich über Tierversuche informieren, damit Sie gegenüber anderen Menschen argumentieren können. Sprechen Sie mit Freunden, Verwandten, Arbeitskollegen, Mitschülern über das Thema und verteilen Sie Informationsschriften. Das Sammeln von Unterschriften ist ein guter Aufhänger, um mit den Mitmenschen ins Gespräch zu kommen. Durch Aufkleber auf Auto, Fahrrad, Tasche machen Sie andere Menschen auf das Thema aufmerksam. Spenden und Mitgliedschaften helfen Tierversuchsgegnerorganisationen in ihrem Kampf für die Tiere.

Wenn Sie darüber hinaus aktiv werden wollen, können Sie dies im Rahmen von lokalen Vereinen machen oder aber auch als Einzelperson. Legen Sie Infomaterial in Schulen, Universitäten, Kirchen, Bürger- und Jugendzentren aus, bitten Sie Ihren Arzt, Zahnarzt, Heilpraktiker oder Tierarzt, in seinem Wartezimmer Unterlagen gegen Tierexperimente auslegen zu dürfen. Schüler können eine Projektwoche anregen. Organisieren Sie Informationsstände, nehmen Sie an Demonstrationen teil, schreiben Sie Briefe an die Bundesregierung und Ministerien sowie an Presse, Rundfunk und Fernsehen. Verzichten Sie nach Möglichkeit auf Kosmetikprodukte, die an Tieren getestet worden sind. Ihrem Engagement sind praktisch keine Grenzen gesetzt.

Wichtig ist, dass Sie nicht so schnell aufgeben, wenn ein sichtbarer Erfolg augenscheinlich ausbleibt. Anders als im karitativen Tierschutz, wo sich kurzfristige Erfolge zum Beispiel in der Anzahl vermittelter Hunde und Katzen unmittelbar niederschlagen können, braucht man bei der Arbeit gegen Tierversuche einen besonders langen Atem. Nur durch kontinuierliche Aufklärungsarbeit über die Grausamkeit, Unsinnigkeit und Gefährlichkeit des Tierversuchs wird es gelingen, den Druck aus der Bevölkerung auf Politik und Wirtschaft derart zu erhöhen, dass letztendlich auch der Einfluss der Tierversuchslobby ein gesetzliches Verbot der Tierversuche nicht mehr verhindern kann.

Weitere Informationen

Ärzte gegen Tierversuche e.V.
Landsbergerstr. 103
80339 München
Tel: 089-3599349, Fax: 089-35652127
info@aerzte-gegen-tierversuche.de,
www.aerzte-gegen-tierversuche.de
www.datenbank-tierversuche.de

Quellen

1 Bundesministerium für Ernährung, Landwirtschaft und Verbraucherschutz, www.bmelv.de, Stand vom 22.09.2010

2 Logistischer Alptraum (Interview mit F. P. Gruber). In: Der Spiegel (2003) 3, S. 132; und: Mouse massacre in labs. BBC Online, 06.05.1999

3 Jeschke, M. et al.: Exogenous liposomal IGF-I cDNA gene transfer leads to endogenous cellular and physiological responses in an acute wound. American Journal of Physiology. Regulatory, Integrative and Comparative Physiology (2004) 286, S. R958-R966

4 Schwarz, F. et al.: Comparison of naturally occurring and ligature-induced peri-implantitis bone defects in humans and dogs. Clinical and Oral Implantation Research (2007) 18, S. 181-170

5 Mayr, E. et al.: Radiographic results of callus distraction aided by pulsed low-intensity ultrasound. Journal of Orthopaedic Trauma (2001) 15(6), S. 407-414

6 Medina, E.: Murine model of polymicrobial septic peritonitis using cecal ligation and puncture (CLP). Methods in Molecular Biology (2010) 602, S. 411-415

7 Richter, S.H. et al.: Environmental standardization: cure or cause of poor reproducibility in animal experiments? Nature Medicine (2009) 6, S. 257-261

8 Koch, J.: Möbel für die Nager-Zelle. Der Spiegel (2003) 33, S. 132-133

9 Haemisch, A., S. Ott: Eigenwillig interpretiert (Leserbrief). Deutsches Tierärzteblatt (2010) 8, S. 1039-1040

10 Balcombe, J. et al.: Laboratory Routines Cause Animal Stress. Contemporary Topics in Laboratory Animal Science (2004) 43, S. 42-51

11 Lindl, T. et al.: Evaluation von genehmigten tierexperimentellen Versuchsvorhaben in Bezug auf das Forschungsziel, den wissenschaftlichen Nutzen und die medizinische Relevanz. Altex (2001) 13(3), S. 171-178

12 Tierschutzgesetz in der Bekanntmachung vom 25. Mai 1998 (BGBl. I, S. 1105), geändert durch Berichtigung vom 25. Juni 1998 (BGBl. I, S. 1818)

13 Moralisch vertretbar. Weser Report 15.12.2004

14 Universität Bremen: Vertrauen in Forschung. http://www.kog-neuro.uni-bremen.de/images/091130_UniBremen_Sammelmappe-Broschuere.pdf, S. 2, Stand vom 12.12.2010

15 Trotzke, U. et al.: The influence of fasting on blood and plasma composition of herring gulls (Larus argentatus). Physiological and Biochemical Zoology (1999), 72(4), S. 426-437

16 Bundesministerium für Ernährung, Landwirtschaft und Forsten: Tierschutzbericht der Bundesregierung 1999. Drucksache 14/600, S. 67-76

17 Spielmann, H.: Alternativen zu Tierversuchen in der Toxikologie. In H.P. Gruber/H. Spielmann (Hrsg.): Alternativen zu Tierexperimenten. Spektrum Akademischer Verlag, Heidelberg, Berlin, Oxford, 1996, S. 108-126

18 Ärzte gegen Tierversuche: Finanzielle Förderung von Tierversuchen. http://www.aerzte-gegen-tierversuche.de/images/pdf/forschungsfoerderung.pdf, Stand vom 15.03.2009

19 Deutsche Forschungsgemeinschaft: Herkunft und Verwendung der Mittel 2009. http://www.dfg.de/dfg_profil/evaluation_statistik/foerderstatistik/foerderentscheidungen/herkunft_verwendung_mittel/index.jsp, Stand vom 08.12.2010
20 Verband Forschender Arzneimittelhersteller e.V.: Entwicklung des GKV-Arzneimittelmarktes 2009. http://www.vfa.de/de/wirtschaft-politik/entwicklung-gkv-arzneimittelmarkt-2009.html, Stand vom 30.11.2010
21 Bundesministerium für Gesundheit: Kennzahlen und Faustformeln. http://www.bmg.bund.de/cln_178/nn_1168278/SharedDocs/Downloads/DE/Statistiken/Gesetzliche-Krankenversicherung/Kennzahlen-und-Faustformeln/Kennzahlen-und-Faustformeln,templateId=raw,property=publicationFile.pdf/Kennzahlen-und-Faustformeln.pdf, Stand vom 30.11.2010
22 Wikipedia, http://de.wikipedia.org/wiki/Gesetzliche_Krankenversicherung, Stand vom 30.11.2010
23 Bundesregierung: Vorbeugung ist immer noch die beste Medizin, 10.05.2007. http://www.bundesregierung.de/Content/DE/Archiv16/Artikel/2007/05/2007-05-09-mehr-lebensqualitaet-durch-gesunde-ernaehrung-und-bewegung.html, Stand vom 30.11.2010
24 Haustein, K.-H.: Raucher leben gefährlich. http://www.aerzte-gegen-tierversuche.de/infos/gesundheit/129-raucher-leben-gefaehrlich, Stand vom 01.03.2007
25 Arznei oft ohne Wirkung. Neue Westfälische, 09.12.2003
26 Der Ausweg: Vorbeugen statt reparieren. Radiointerview, Bayerischer Rundfunk, 03.02.2005
27 Hobom, B.: Vernachlässigte Vielfalt im Mäusegenom. Frankfurter Allgemeine Zeitung, 19.12.2001
28 von der Weiden, S.: Nur jeder 50. Tierversuch mit neuen Medikamenten ist auf den Menschen übertragbar. Die Welt, 17.05.2006
29 Völkl, M., D. Labahn: Die Belastung der Versuchstiere nach Einschätzung der Antragsteller von Versuchsgenehmigungen – Forderung von Kriterien zur ethischen Rechtsanwendung. In: H. Schöffl et al. (Hrsg.): Forschung ohne Tierversuche. Springer-Verlag, Wien, New York, 1996, S. 395-405
30 Pound, P. et al.: Where is the evidence that animal research benefits humans? British Medical Journal (2004) 328, S. 514-517
31 Lindl, T. et al.: Tierversuche in der biomedizinischen Forschung. Altex (2005) 22 (3), S. 143-151
32 U.S. Food and Drug Administration Report: Innovation or Stagnation – Challenge and Opportunity on the Critical Path to New Medical Products (2004), S. 8
33 Locker, A.: Tierversuchsethik und der »Menschenversuch«. Gedanken zum Umgang mit dem Tier. Altex (2004) 21 (4), S. 221-226
34 Lindl, T., et al.: Evaluation von genehmigten tierexperimentellen Versuchsvorhaben in Bezug auf das Forschungsziel, den wissenschaftlichen Nutzen und die medizinische Relevanz. Altex (2001) 18 (3), S. 171-178
35 Howall, D.A.: Antivivisection (letter). British Medical Journal (1983) 286(6381), S. 1894

36 McKeown, T.: Die Bedeutung der Medizin, Suhrkamp Verlag, Frankfurt/M., 1982
37 Krebsinformationsdienst des Deutschen Krebsforschungszentrums: Risikofaktoren. www.krebsinformationsdienst.de/Krebsvorbeugung/index.html, Stand 16.02.2007
38 Morton, D.M.: Importance of Species Selection in Drug Toxicity Testing. Toxicology Letters (1998) 102-103, S. 545-550
39 Entwicklung eines Medikamentes kostet eine Milliarde Euro. http://www.pressetext.de/pte.mc?pte=100618012, Stand vom 18.06.2010
40 Traufetter, G.: Stunde der Mietmäuler. Der Spiegel (2004) 46, S. 197-198
41 MSD in der Sackgasse – jahrelang Risiken von Vioxx verschleiert. arznei-telegramm (2004) 11, S. 117-118
42 Rosiglitazon (Avandia) vor dem Aus? arznei-telegramm (2010) 41(8), S. 77-78
43 Blech, J.: Die Abschaffung der Gesundheit. Der Spiegel (2003) 33, S. 116-128
44 Minutillo, B.: Plötzlich und unerwartet. ADAC motorwelt (2005) 2, S. 40
45 WHO releases first global reference guide on safe and effective use of essential medicines. Weltgesundheitsorganisation, www.who.int, Pressemitteilung vom 04.09.2002
46 Bundesinstitut für Arzneimittel und Medizinprodukte: Verkehrsfähige Arzneimittel im Zuständigkeitsbereich des BfArM. http://www.bfarm.de/cln_103/DE/Arzneimittel/4_statistik/statistik-verkf-am-zustBfArM.html?nn=1009778, Stand vom 15.11.2010
47 Schwelm, G.-H.: BfArM behindert Marktzugang? arznei-telegramm (2001) 32(3), S. 33-34
48 Bundesinstitut für Arzneimittel und Medizinprodukte: Ergebnisse der Zulassungs-/Registrierungsverfahren für 2000. www.bfarm.de/de_ver/arzneimittel/zulassungen/, Stand vom 18.09.2001
49 Schönhöfer, P. in der ZDF-Sendung »Fakt«, 20.08.2001
50 Rofecoxib (Vioxx) u.a.: Aufstieg und Niedergang von Cox-2-Hemmern. arznei-telegramm 2004, 35(11), 126-130
51 van der Worp, H.B. et al.: Can Animal Models of Disease reliably inform human studies? PLoS Medicine (2010) 7(3), e10000245. doi:10.1371/journal.pmed.1000245
52 United States General Accounting Office: FDA Drug Review Postapproval Risks 1976-85. (1990) S. 3
53 Vioxx verursacht zehntausende zusätzliche Fälle koronarer Herzerkrankungen. The Lancet, (2005) 365, early online publication
54 Schönhöfer, P.S. et al.: Unerwünschte Arzneimittelwirkungen: Pathophysiologie, Häufigkeit, Erfassung und Bedeutung für die Risikoabwehr. DGPT-Forum (2001) 28, S. 15-19
55 Schnurrer, J. U. et al.: Zur Häufigkeit und Vermeidbarkeit von tödlichen unerwünschten Arzneimittelwirkungen. Der Internist (2003) 44, S. 889-895
56 Wikipedia, http://de.wikipedia.org/wiki/Aids, Stand vom 15.11.2010
57 Katzenstein, T.L.: Molecular biological assessment methods and understanding the course of the HIV infection. APMIS Suppl. (2003) 114, S. 1-37

58 *Bojak, A. et al.: The past, present and future of HIV-vaccine development: a critical view. Drug Discovery Today (2002) 7, S. 36-46*
59 *Kawamura, T. et al.: Candidate microbiocides block HIV-1 infection of human immature Langerhans cells within epithelial tissue explants. Journal of Experimental Medicine (2000) 192, S. 1491-1500*
60 *Rabin, R.L. et al.: CXCR3 is induced early on the pathway of CD4+ T cell differentiation and bridges central and peripheral functions. Journal of Immunology (2003) 171, S. 2812-2824*
61 *Burne, J.: Danger Mouse. The Times, 30.07.2002*
62 *Erfolge in der Phantomwelt. Der Spiegel (1998) 6, S. 186-187*
63 *Blech, J.: Giftkur ohne Nutzen. Der Spiegel (2004) 41, S. 160-162*
64 *Leitzmann C., M. Keller: Vegetarische Ernährung. Verlag Eugen Ulmer, Stuttgart, 2010. S. 150-165*
65 *Hahn, A.: Toxikologische Daten aus menschlichen Vergiftungsfällen als Ersatz zu Tierversuchen. In: H.P. Gruber/H. Spielmann (Hrsg.): Alternativen zu Tierexperimenten. Spektrum Akademischer Verlag, Heidelberg, Berlin, Oxford, 1996, S. 127-142*
66 *Weil, C.S., Scala, R.A.: Study of intra- and interlaboratory variability in the results of rabbit eye and skin irritation tests. Toxicology and Applied Pharmacology (1971) 19, S. 276-360*
67 *Bitz, S.: The Botulinum Neurotoxin LD50 Test – Problems and Solutions. Altex (2010) 27(2), S. 114-116*
68 *Ärzte gegen Tierversuche: Botox – Tierqual für eine fragwürdige Schönheit. http://aerzte-gegen-tierversuche.de/infos/kosmetik-chemikalien/117-botox-tierqual-fuer-eine-fragwuerdige-schoenheit, Stand 01.10.2010*
69 *Langley, G.: A regulatory Smokescreen. BUAV/ECEAE (2004), S. 9-10*
70 *International Agency for Research on Cancer: IARC classifies formaldehyde as carcinogenic to humans, Presseerklärung vom 15.06.2004*
71 *Rovida, C., T. Hartung: Re-evaluation of animal numbers and costs for in vivo tests to accomplish REACH legislation requirements for chemicals – a report by the transatlantic think tank for toxicology. Altex (2009) 26(1), S. 187-208*
72 *Bundesministerium für Ernährung, Landwirtschaft und Verbraucherschutz: Tierschutzbericht der Bundesregierung 2007. Drucksache 16/5044, S. 72*
73 *Schreiben von Thomas Kossendey, Parlamentarischer Staatssekretär, Bundesministerium der Verteidigung, an Rainer Erdel, MdB, 23.08.2010*
74 *Gericke, C. et al.: SATIS-Studie '95 – Erfassung des Tierverbrauchs und des Einsatzes von Alternativmethoden im Studium an deutschen Hochschulen. Timona-Verlag, Bochum,1996, S. 27-38*
75 *Brain study challenges multiple sclerosis theory. New Scientist, 28.02.2004, S. 17*
76 *Davison, A.: Ein Ende aller Tierversuche? Technology Review, 10.03.2008*
77 *EFMA opinion poll shows GPs doubt vivisection. BUAV Campaign Report (2004) winter issue, S. 21*

Die Autoren

Dr. med. vet. Corina Gericke studierte Tiermedizin in Hannover und Gießen. 1994 Approbation als Tierärztin. Dissertation über ein Thema aus dem Bereich der Tierschutzgesetzgebung. Praktische Tätigkeit in Kleintierkliniken in England. Seit 1984 aktive Tierversuchsgegnerin und Tierrechtlerin. Seit 2001 wissenschaftliche Mitarbeiterin bei Ärzte gegen Tierversuche e.V.

Astrid Reinke ist Tierärztin mit Zusatzqualifikation in Verhaltenstherapie und Akupunktur. Seit 1999 Tierschutzunterricht zu Tierhaltung, Tierverhalten, Tierversuchen. Zweitstudium für das Lehramt an Gymnasien und Gesamtschulen in den Fächern Philosophie und Pädagogik. Seit 1976 für Tiere aktiv. Seit 2004 Jugendarbeit bei Ärzte gegen Tierversuche e.V.

Danksagung

Wir danken Dr. med. Wolf-Dieter Hirsch, Chefarzt der Chirurgischen Abteilung des Krankenhauses Grimma, für den Beitrag zu Frage 58.

Fotodokumentation

Tierexperimente finden hinter verschlossenen Türen statt, und die Experimentatoren lassen aus Angst vor öffentlichem Entsetzen niemanden mit einer Kamera in die Labors. Allenfalls die Haltung von Tieren kann mitunter dokumentiert werden. Authentische Aufnahmen von den Versuchen selbst stammen größtenteils aus Undercover-Recherchen von Tierversuchsgegnerorganisationen. Die folgenden Fotos dokumentieren das Leid der Tiere in den Labors, das oft schon lange vor den eigentlichen Experimenten beginnt.

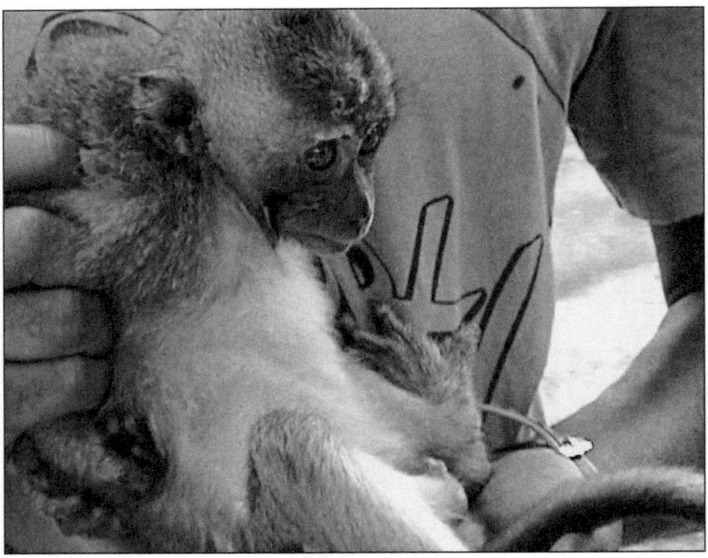

Affen, wie dieser Langschwanzmakake in Mauritius, werden mit brutalen Methoden in der Wildnis gefangen. Von ihren Familien und aus ihrer Heimat fortgerissen zu werden, ist für die Tiere ein unvorstellbares Trauma.
© BUAV

Die Haltungsbedingungen in völlig strukturlosen Käfigen sind für die intelligenten und bewegungsfreudigen Tiere eine Tortur. Oftmals werden die Tiere sogar einzeln in winzigen Käfigen gehalten. Schwere psychische Störungen sind die Folge.
© Animal Rights Sweden

In »Zuchtfarmen«, wie hier in Kambodscha, werden wildgefangene Affen unter unsäglichen Bedingungen gehalten. Ihre Jungen werden an Labors in aller Welt verkauft. Viele überleben schon den Stress des Transports nicht. © One Voice

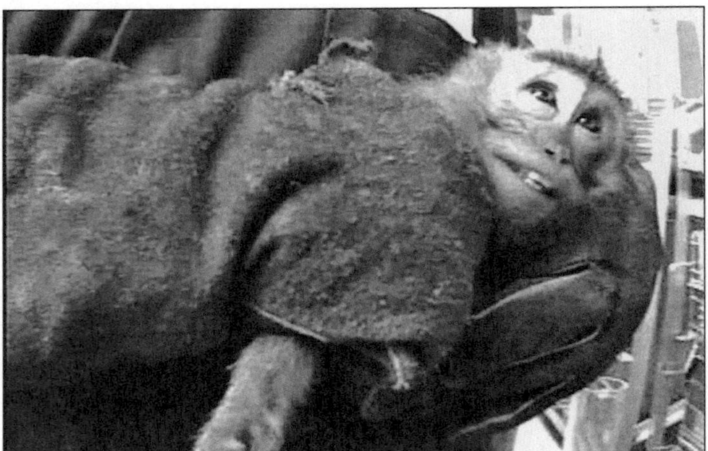

Viele Affen müssen in Giftigkeitsprüfungen leiden. Diese Undercover-Aufnahme wurde im Auftragslabor Covance in Vienna/Virginia, USA, gemacht. © PeTA

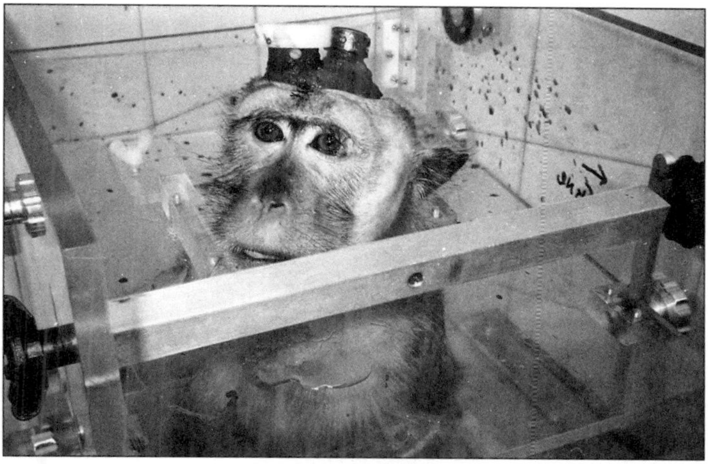

In der Hirnforschung wird Affen eine Kammer auf den Schädel montiert, durch die Elektroden in das Gehirn eingeführt werden. Während der Experimente müssen die Tiere jeden Tag oft stundenlang mit angeschraubtem Kopf in einem sogenannten Primatenstuhl sitzen. Durst zwingt die Affen mitzumachen. Nur wenn sie kooperieren, bekommen sie etwas zu trinken. Diese verdeckt gemachte Aufnahme stammt aus einem Labor in Israel. © AESOP Project

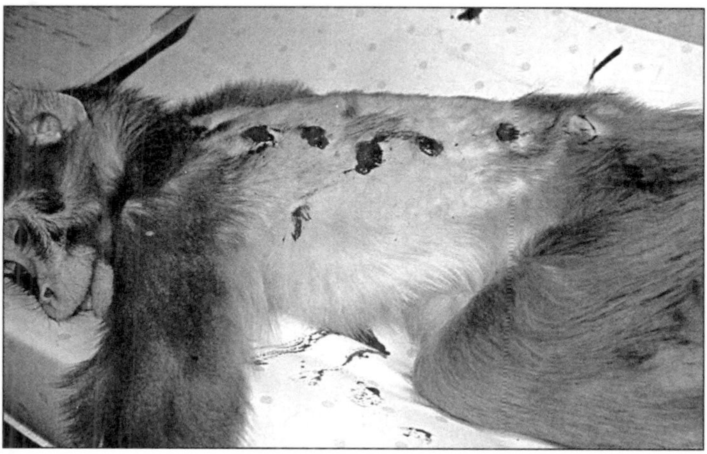

Am Ende eines Experiments steht immer der Tod. Das Foto stammt aus dem Biomedical Primate Research Center (BPRC), Rijswijk, Niederlande. © EDEV

Die Haltung von Mäusen gleicht einem Materiallager: Regale voller Plastikkästen. Das Foto wurde in einem Labor in Berlin gemacht.
© Ärzte gegen Tierversuche

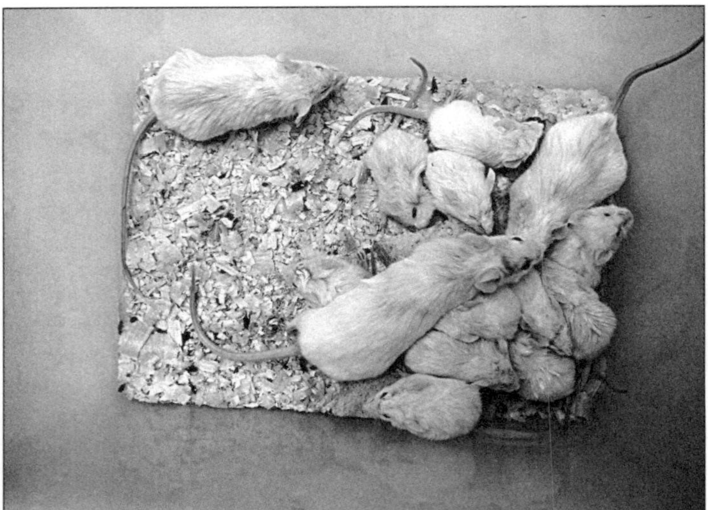

Mäuse im Labor: Kaum Platz und keine Beschäftigungsmöglichkeiten.
© Ärzte gegen Tierversuche

Mäuse sind die Hauptleidtragenden bei Tierversuchen. Wie billige Massenware werden sie produziert, verbraucht und weggeworfen. Im Jahr 2009 litten in deutschen Labors rund 1,9 Millionen Mäuse, 67 % der insgesamt knapp 2,8 Millionen Tiere. © Ärzte gegen Tierversuche

Dieser Maus wird das Bauchfell geschoren, um eine Testsubstanz auf die Haut aufzutragen. Wissenschaftliche Studien bestätigen, dass allein schon das Anfassen bei den Tieren zu heftigen Stressreaktionen führt. © Ärzte gegen Tierversuche

Nacktmäusen wurde ein geschwächtes Immunsystem angezüchtet. Sie werden zum Beispiel in der Krebsforschung verwendet, weil sie injizierte menschliche Krebszellen nicht abstoßen. Bei diesen getöteten Mäusen sieht man Tumoren in den Flanken der Tiere. © www.istockphoto.com

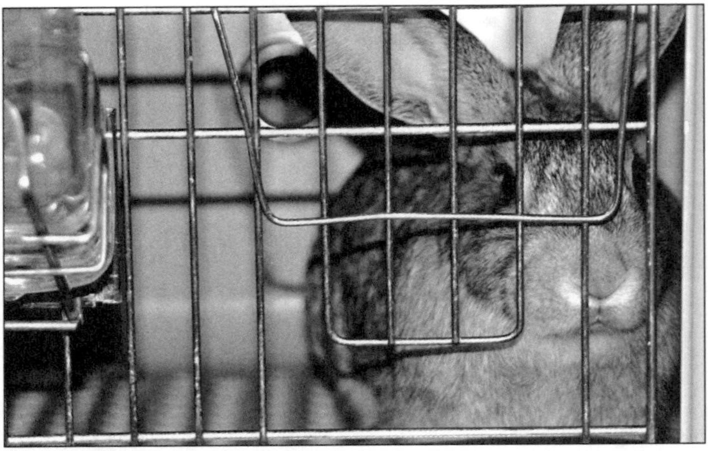

Kaninchen werden, wie hier in Berlin, in Plastikkästen, meist ohne jegliche Einstreu oder Beschäftigungsmöglichkeiten, gehalten.
© Ärzte gegen Tierversuche

Beim berüchtigten Draize-Augentest werden Chemikalien oder andere Substanzen in die Augen von Kaninchen geträufelt. Je nach Art und Dosierung der Substanz kann es zu Entzündungen und Verätzungen des Auges kommen. Die Aufnahme stammt aus England.
© BUAV

Trostlos: Hunde werden oft einzeln in völlig kahlen Käfigen gehalten, wie hier an einer deutschen Universität. Beagles sind die am häufigsten verwendete Hunderasse. Sie gelten als besonders gutmütig.
© Ärzte gegen Tierversuche

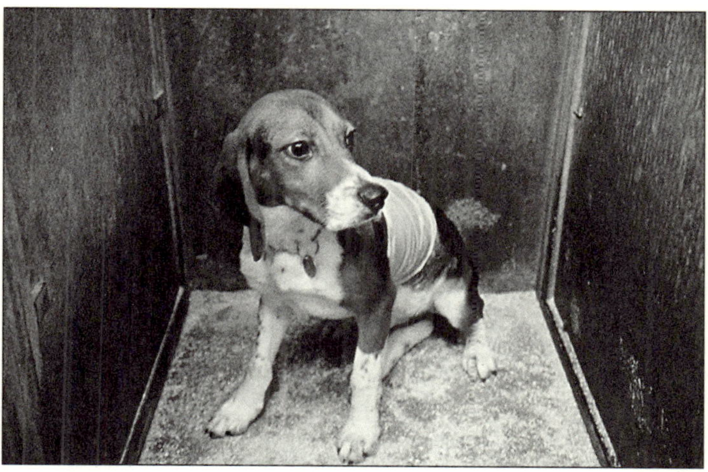

Hunde werden häufig im Bereich der Herz-Kreislauf-Forschung verwendet. Zum Beispiel wird ein Herzinfarkt künstlich ausgelöst. Aufnahme aus einem englischen Labor.
© BUAV

Das Vertragslabor LPT in Hamburg vergiftet Tiere im Auftrag der Chemie- und Pharmaindustrie. Diese Beagles warten in einem »Sammellager« der Firma in Neu Wulmstorf-Mienenbüttel, Niedersachsen, auf ihren qualvollen Tod.
© Lobby pro Tier

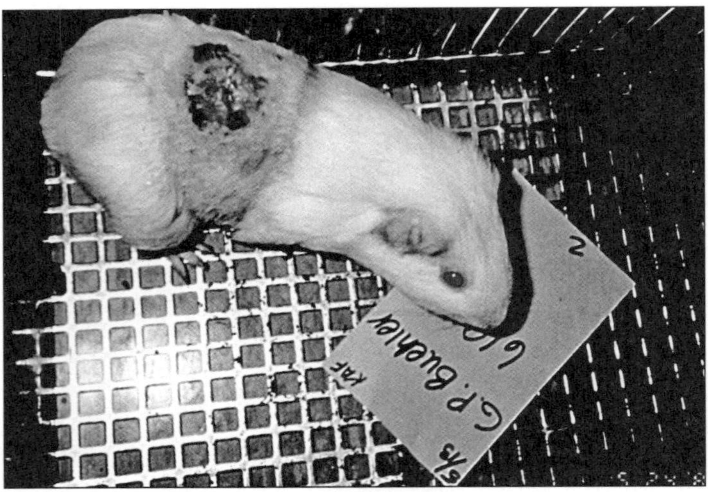

Diesem Meerschweinchen wurde eine Testsubstanz auf den Rücken gerieben. Die Haut des Tieres ist stark entzündet.
© PeTA

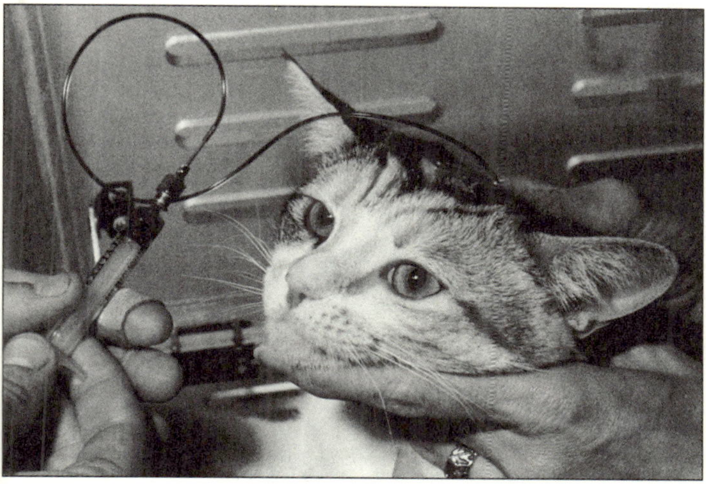

Dieser Katze wurde eine Sonde im Gehirn implantiert, durch die Wirkstoffe direkt in das Hirngewebe geleitet werden können.
© PeTA

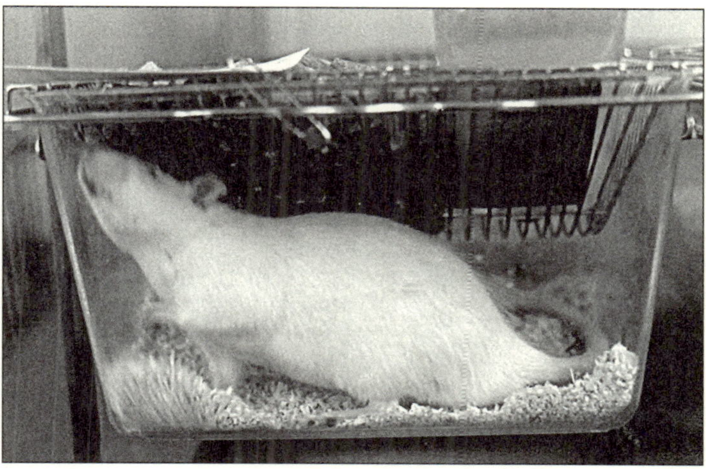

Ratten werden in kleinen Plastikkästen gehalten
© Ärzte gegen Tierversuche

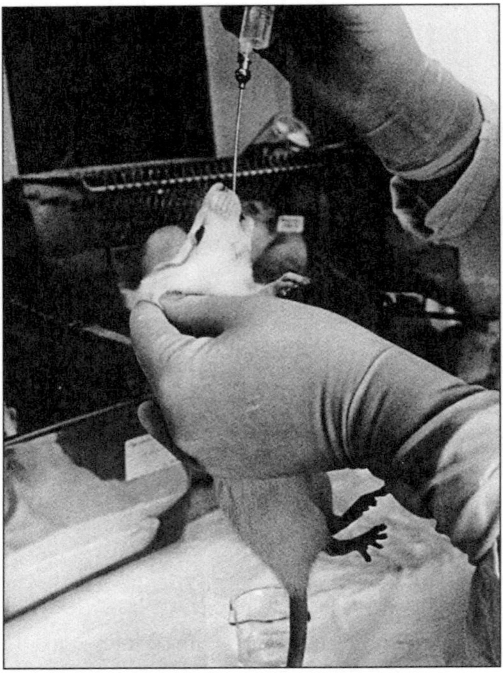

Allein schon die Verabreichung einer Testsubstanz mit der Schlundsonde in den Magen einer Ratte ist für die Tiere äußerst qualvoll. Bei manchen Versuchen geschieht dies täglich über mehrere Wochen. Je nach Art und Menge der Substanz leiden die Tiere an Durchfall, Abmagerung, Lähmungen oder Krämpfen. Überlebende Tiere werden am Ende des Experiments getötet.
© PeTA

Kein Tier verlässt ein Labor lebend. Undercover-Aufnahme aus Frankreich.
© One Voice